サポートベクトル マシン

Support Vector Machine

竹内一郎
烏山昌幸

講談社

■ 編者
杉山　将 博士（工学）
理化学研究所 革新知能統合研究センター センター長
東京大学大学院新領域創成科学研究科 教授

■ シリーズの刊行にあたって

　インターネットや多種多様なセンサーから，大量のデータを容易に入手できる「ビッグデータ」の時代がやって来ました．現在，ビッグデータから新たな価値を創造するための取り組みが世界的に行われており，日本でも産学官が連携した研究開発体制が構築されつつあります．

　ビッグデータの解析には，データの背後に潜む規則や知識を見つけ出す「機械学習」とよばれる知的データ処理技術が重要な働きをします．機械学習の技術は，近年のコンピュータの飛躍的な性能向上と相まって，目覚ましい速さで発展しています．そして，最先端の機械学習技術は，音声，画像，自然言語，ロボットなどの工学分野で大きな成功を収めるとともに，生物学，脳科学，医学，天文学などの基礎科学分野でも不可欠になりつつあります．

　しかし，機械学習の最先端のアルゴリズムは，統計学，確率論，最適化理論，アルゴリズム論などの高度な数学を駆使して設計されているため，初学者が習得するのは極めて困難です．また，機械学習技術の応用分野は非常に多様なため，これらを俯瞰的な視点から学ぶことも難しいのが現状です．

　本シリーズでは，これからデータサイエンス分野で研究を行おうとしている大学生・大学院生，および，機械学習技術を基礎科学や産業に応用しようとしている大学院生・研究者・技術者を主な対象として，ビッグデータ時代を牽引している若手・中堅の現役研究者が，発展著しい機械学習技術の数学的な基礎理論，実用的なアルゴリズム，さらには，それらの活用法を，入門的な内容から最先端の研究成果までわかりやすく解説します．

　本シリーズが，読者の皆さんのデータサイエンスに対するより一層の興味を掻き立てるとともに，ビッグデータ時代を渡り歩いていくための技術獲得の一助となることを願います．

2014 年 11 月

「機械学習プロフェッショナルシリーズ」編者
杉山 将

■ まえがき

　サポートベクトルマシン（SVM）は 1990 年代に提案され，2000 年代前半に急速に発展しました．その後，画像，音声，言語などさまざまな分野で使われるようになり，今や汎用的なデータ解析ツールとなっています．SVM のソフトウェアはさまざまなプラットフォームで提供されており，専門家でなくても簡単に利用できます．しかし，データ解析には試行錯誤のプロセスが不可欠で，内容を知らずに使うと誤った解釈に行き着いてしまう場合があります．そのためにも，各データ解析タスクにおいてどの方法を使えばよいのか，その方法をどのように使うべきか，得られた結果をどのように解釈すべきか，といった点は最低限理解しておく必要があります．

　本書の目的は，SVM をデータ解析ツールとして利用したい情報技術者にとって最低限必要な事項を整理して提供することです．SVM は非常に有益なデータ解析ツールですが，サポートベクトル，マージン最大化，カーネルなどの概念は必ずしも直感的にわかりやすいものではありません．本書では，SVM が他のデータ解析手法（特に，伝統的な統計解析手法）と，どのような点で異なるか，どのような点で共通しているかに焦点をあてて解説しています．

　2 クラス分類問題のために提案された「元祖」SVM はさまざまな方向へ拡張されてきました．まず，2 クラス分類問題以外のデータ解析タスクで利用するため，多クラス分類問題，回帰問題，教師なし学習問題などへの拡張がなされました．また，元祖 SVM における「マージン最大化」の概念はさまざまな方法に取り入れられています．さらに，SVM の利点の一つは「カーネル関数」を用いることで非線形モデリングや構造型データの扱いが可能であるという点です．元祖 SVM の登場以降，既存のアルゴリズムをカーネル化する試みが多く行われています．

　マージン最大化やカーネル関数などを用いた拡張の多くは，○○ SVM と呼ばれています（例えば，ランキング SVM，半教師あり SVM など）．SVM という単語は，2 クラス分類のための元祖 SVM を指す狭い意味で使われる

場合と，一連の拡張も含めた広い意味で使われる場合があります．本書では，後者の広い意味でSVMという単語を用いることとします．例えば，分類問題のためのSVMをサポートベクトル分類（SV分類），回帰問題のためのSVMをサポートベクトル回帰（SV回帰）などと呼ぶことにします．

本書は3部構成となっています．第1部は第1章〜第5章により構成されています．まず，「元祖」SVMともいえる2クラス分類問題のためのSV分類を詳しく解説します．続いて，SV分類を多クラス分類問題に利用するための方法を解説します．さらに，SV分類のアプローチを，実数値出力を予測するための回帰問題や，訓練事例として入力のみが与えられる教師なし学習問題に拡張する方法を解説します．最後に，SVMを非線形モデリングや文字列などの構造型データに適用する場合に有用なカーネル法についても解説します．第1部では，各手法を天下り的に説明するのでなく，なぜそのような方法が必要であるのか，他の代替手法との相違点や共通点はどこにあるのかといった点を特に詳しく説明します．

第2部は第6章〜第10章 により構成されており，SVMの学習アルゴリズムを解説します．多くの場合，SVMの学習は凸最適化問題として定式化できます．したがって，小規模なデータに対しては数理最適化の分野で確立された汎用的な最適化アルゴリズムをそのまま適用できます．一方，大規模なデータに対しては，SVMに特化したアルゴリズムを使うことによって大幅な高速化が可能になる場合があります．また，データが逐次的に与えられる場合など，特殊な状況下での学習にはそれぞれの状況に特化したアルゴリズムを使う必要があります．大量データを扱う情報技術者にとっては，問題や状況に応じて適切に学習アルゴリズムを選択し，可能であれば修正を加える能力が必要とされます．そこで，第2部では，汎用的な凸最適化アルゴリズムだけでなく，SVMに特化した学習アルゴリズムや，特殊な状況下で利用可能なアルゴリズムを紹介します．

第3部は第11章〜第12章 から構成されており，SVMの発展として，やや特殊なタスクを解くために提案されたアプローチを紹介します．第11章では，予測モデルの出力が配列や木構造など特殊な構造を持つ場合の方法を解説します．構造型データを予測するアプローチは構造化SVMと呼ばれ，自然言語処理やバイオインフォマティクスなどで広く利用されています．第

12 章では，出力のラベル情報が部分的にしか得られない場合のために考案された弱ラベル学習のアプローチを紹介します．例えば，訓練事例のうち，一部だけにラベル情報が与えられている問題は半教師あり学習と呼ばれています．また，個々の事例でなく，事例の集合にラベル情報が与えられている問題はマルチインスタンス学習と呼ばれています．訓練事例の入力はセンサなどから自動的に観測されることが多いですが，出力ラベルは人手で与えなければならない場合があります．大量の訓練事例に人手でラベリングを行うのはコストがかかるため，一部の事例のみにラベルを付与する弱ラベル学習が必要となっています．

　本書は，特に SVM をデータ解析ツールとして利用する情報技術者とこれから機械学習を学ぶ情報系の学生を対象としています．したがって，数学的な厳密性よりも実用上留意すべきことや背景にある考え方をより重視して解説します．このため，一部を除いて定理・証明スタイルの記述は避け，文章を読み進めるなかで理解が進むように構成されています．

　一方，第 2 部のアルゴリズムの解説では，本書の内容に基づいてコーディングを行えるよう留意しました．また，SVM に代わる手法が存在するような問題に対しては代替手法を紹介し，SVM と比較した利点と欠点を解説しています．

　SVM に関してはすでにさまざまな類書が出版されています．和書に限定すると，赤穂によるカーネル多変量解析の教科書 [4] は SVM を含むカーネル法の理論と方法が詳しく記載されています．また，カーネル法の先端的な話題に関しては福水による教科書 [5] に詳細な記述があります．

　本書は学習アルゴリズムを中心とした SVM の実践的な側面に焦点をあてています．SVM に関する学習理論は同シリーズの『統計的学習理論』[6] に詳しく記載があるため本書では触れていません．同様に，オンライン学習に関しても同シリーズの『オンライン機械学習』[7] に詳しい記載があるため本書では簡単な紹介にとどめています．

　本書を執筆するにあたり多くの皆様のお世話になりました．畑埜晃平氏と志賀元紀氏には草稿を査読していただき有益な助言を頂戴しました．名古屋工業大学竹内研究室の学生の皆様からは多くの誤植の指摘をいただきま

した．講談社サイエンティフィクの横山真吾氏には執筆に関するさまざまな助言をいただきました．編者の杉山将氏には草稿を査読していただくとともに，本書全般にわたってコメントを頂きました．この場を借りて深く御礼申し上げます．

2015 年 5 月

竹内一郎，烏山昌幸

表記法

本書では以下の表記法を用います．

- 実数，非負の実数，正の実数の集合はそれぞれ $\mathbb{R}$, $\mathbb{R}_+$, $\mathbb{R}_{++}$ と表します．
- ベクトルは $\boldsymbol{v} \in \mathbb{R}^n$ のように太字の小文字で表し，第 i 成分を v_i と表記します．
- 行列は $\boldsymbol{M} \in \mathbb{R}^{m \times n}$ のように太字の大文字で表し，第 i, j 成分を $M_{i,j}$ と表記します．
- ベクトルや行列の転置は $\boldsymbol{v}^\top$ や $\boldsymbol{M}^\top$ のように表記します．
- 自然数 n に対し，$[n] = \{1, \ldots, n\}$ は 1 から n までの自然数の集合とします．
- ベクトル $\boldsymbol{v} \in \mathbb{R}^n$ と部分集合 $\mathcal{A} \subseteq [n]$ に対し，$\boldsymbol{v}_\mathcal{A}$ は $\mathcal{A}$ に含まれる要素のみからなる部分ベクトルを表します．
- 行列 $\boldsymbol{M} \in \mathbb{R}^{m \times n}$ と部分集合 $\mathcal{A} \subseteq [m], \mathcal{B} \subseteq [n]$ に対し，$\boldsymbol{M}_{\mathcal{A},\mathcal{B}}$ は $\mathcal{A}$ に含まれる行と $\mathcal{B}$ に含まれる列からなる $\boldsymbol{M}$ の部分行列を表します．さらに，$\boldsymbol{M}_{\mathcal{A},:}$ などと記述した場合は，$\mathcal{A}$ に含まれる行とすべての列からなる $\boldsymbol{M}$ の部分行列を表します．また，表記を簡潔にするため，$\boldsymbol{M}_{\mathcal{A},\mathcal{A}}$ を $\boldsymbol{M}_\mathcal{A}$ と示すこともあります．
- すべての要素が 0 のベクトルを $\boldsymbol{0}$，1 のベクトルを $\boldsymbol{1}$ と表します．
- 実数 z の符号を表す関数を $\mathrm{sgn}(z)$ と表記します．$\mathrm{sgn}(z)$ は z が正のとき 1, 負のとき -1, 0 のとき 0 を返します．
- $I(c)$ を条件 c が成り立つとき 1 を，成り立たないとき 0 を返す指示関数とします．
- 特に指定のない限り，ベクトル $\boldsymbol{v} \in \mathbb{R}^n$ に対し，$\|\boldsymbol{v}\| = \sqrt{\sum_{i \in [n]} v_i^2}$ は $\boldsymbol{v}$ の L_2 ノルムを表すものとします．

目 次

- シリーズの刊行にあたって iii
- まえがき v
- 表記法 ix

第 1 章　2 クラス分類 1

- 1.1　はじめに 1
- 1.2　線形 SV 分類 4
  - 1.2.1　ハードマージン 4
  - 1.2.2　ソフトマージン 7
- 1.3　双対表現 10
  - 1.3.1　双対問題 11
  - 1.3.2　双対性と鞍点 14
  - 1.3.3　最適性条件 16
- 1.4　カーネルによる一般化 18
- 1.5　計算上の特徴 21
- 1.6　SV 分類の性質 22
  - 1.6.1　期待損失最小化 22
  - 1.6.2　損失関数と正則化 23
  - 1.6.3　条件付き確率推定 28

第 2 章　多クラス分類 30

- 2.1　はじめに 30
- 2.2　1 対他方式 31
- 2.3　1 対 1 方式 32
  - 2.3.1　非循環有向グラフによる方法 33
  - 2.3.2　ペアワイズカップリング 34
- 2.4　誤り訂正出力符号 36
  - 2.4.1　クラスラベルの符号化による多クラス分類 36
  - 2.4.2　ペアワイズカップリングとの併用 38
- 2.5　多クラス問題の同時定式化 39

第 3 章　回帰分析 42

- 3.1　回帰問題 42
- 3.2　最小二乗法と最小絶対誤差法による回帰 43
- 3.3　SV 回帰の定式化 47

		3.3.1 SV 回帰の損失関数 ·	47

        3.3.1　SV 回帰の損失関数　· ·　47
        3.3.2　SV 回帰の主問題　· ·　48
        3.3.3　SV 回帰の双対問題　· ·　49
  3.4　SV 回帰による非線形モデリング ·　52
  3.5　SV 回帰の性質 ·　52
        3.5.1　スパース性とサポートベクトル ·　52
        3.5.2　SV 回帰と最小二乗法・最小絶対誤差法との関係 · · · · · · · · · · · · · · · · · ·　54
  3.6　分位点回帰分析 ·　56

第 4 章　教師なし学習のためのサポートベクトルマシン　62

  4.1　教師なし学習のタスク ·　62
        4.1.1　クラスタリング ·　63
        4.1.2　次元削減 ·　64
        4.1.3　異常検知 ·　65
        4.1.4　教師なし学習と確率密度推定 ·　66
  4.2　1 クラス SVM ·　67
        4.2.1　1 クラス SVM の考え方 ·　67
        4.2.2　1 クラス SVM の定式化 ·　70

第 5 章　カーネル関数　· ·　74

  5.1　カーネル関数の性質 ·　74
        5.1.1　マーサーの定理 ·　75
        5.1.2　カーネル関数への操作 ·　76
  5.2　いろいろなカーネル関数 ·　77
        5.2.1　基本的なカーネル関数 ·　77
        5.2.2　確率モデルに基づくカーネル関数 ·　78
        5.2.3　文字列のためのカーネル関数 ·　79
        5.2.4　グラフのためのカーネル関数 ·　82

第 6 章　最適化概論：最適性条件と汎用的解法　· · · · · · · · ·　87

  6.1　はじめに ·　87
  6.2　最適性条件 ·　88
  6.3　汎用的解法 ·　95
        6.3.1　アクティブセット法 ·　95
        6.3.2　内点法 ·　97

第 7 章　分割法　· ·　102

  7.1　分割法 ·　103
  7.2　カーネル SVM のための SMO アルゴリズム ·　104

	7.2.1	2 変数の最適化 ································· 105
	7.2.2	2 変数の選択 ····································· 107
	7.2.3	SMO アルゴリズムのまとめ ·················· 109
7.3	線形 SVM のための DCDM アルゴリズム ························ 110
	7.3.1	線形 SV 分類 ······································ 111
	7.3.2	DCDM アルゴリズム ······························· 112

第 8 章　モデル選択と正則化パス追跡 ············ 115

8.1 モデル選択と交差検証法 ·································· 115
    8.1.1 モデル選択 ·· 115
    8.1.2 交差検証法 ·· 117
8.2 正則化パス追跡アルゴリズム ······························ 119
    8.2.1 正則化パス追跡アルゴリズムの概要 ················ 119
    8.2.2 最適解のパラメータ表現（ステップ 1）············ 121
    8.2.3 イベント検出（ステップ 2）··························· 123
    8.2.4 正則化パス追跡アルゴリズムの区分線形性 ······ 124
    8.2.5 数値計算と計算量 ·· 125
    8.2.6 正則化パス追跡アルゴリズムの例 ··················· 126

第 9 章　逐次学習 ·································· 127

9.1 はじめに ·· 127
9.2 ウォームスタート ·· 128
9.3 アクティブセットに基づく方法 ··························· 129
    9.3.1 更新方向の導出 ··· 129
    9.3.2 イベント検出 ·· 132

第 10 章　サポートベクトルマシンのソフトウェアと実装 ············ 135

10.1 統計解析環境 R を用いた SVM ························ 135
    10.1.1 SV 分類 ·· 136
    10.1.2 SV 回帰 ·· 137
10.2 LIBSVM ソフトウェアの実装 ·························· 138
10.3 LIBSVM のアルゴリズムの流れ ······················· 139
    10.3.1 初期化 ·· 140
    10.3.2 停止条件 ··· 141
    10.3.3 シュリンキング ·· 142
    10.3.4 第二作業集合の選択 ······································ 144

第 11 章　構造化サポートベクトルマシン　　145

- 11.1　はじめに　　145
- 11.2　結合特徴ベクトル空間における最大マージン　　147
- 11.3　最適化法　　149
  - 11.3.1　単一スラック変数による定式化　　150
  - 11.3.2　切除平面法　　151
- 11.4　損失関数の導入　　153
- 11.5　応用例：ランキング学習　　154

第 12 章　弱ラベル学習のためのサポートベクトルマシン　　157

- 12.1　はじめに　　157
- 12.2　半教師あり学習のための SVM　　158
  - 12.2.1　半教師あり 2 クラス分類問題　　158
  - 12.2.2　半教師あり SVM　　160
  - 12.2.3　半教師あり SVM の非凸最適化　　162
  - 12.2.4　半教師あり SVM の例　　163
- 12.3　マルチインスタンス学習のための SVM　　164
  - 12.3.1　マルチインスタンス学習とは　　165
  - 12.3.2　マルチインスタンス SVM　　166

- ■ 参考文献　　171
- ■ 索　引　　174

Chapter 1

2クラス分類

> サポートベクトルマシンの最も基本的な形は2クラス分類問題に対するものです．これは本書で取り扱う他のさまざまなサポートベクトルマシンの拡張の土台にもなっています．本章では基本となる定式化とその性質について解説します．

1.1 はじめに

2クラス分類問題（binary classification problem）とは与えられた入力データが二つのカテゴリーのどちらに属するかを識別する問題です．このカテゴリーのことを**クラス**（class）と呼びます．ここでは入力された画像が人かそれ以外かを判定する問題を例として考えてみます．図1.1に仮想的な人検出システムの処理の流れを示します．この場合，適当なウィンドウサイズで切り出した部分画像が人であるかどうかを分類することで，画像内で人が写っている位置を検出します．このようなシステムでは，まずウィンドウをどう定めるか，画像をどのような形式で表現するかといった前処理が行われます．受け取った画像の属するクラスを推定する処理を行う部分は**分類器**（classifier）と呼ばれます．その後，使用者に提示するための後処理が施されます．前処理や後処理は個々のシステムの用途によって大きく異なります．例えば，このような画像を扱うシステムと遺伝子解析で行われるデータの前処理はまったく異なります．一方で，分類器を構成する基本手法はデータの種類とは大部分で独立しており，ほとんどの場合，一つの手法で多様な

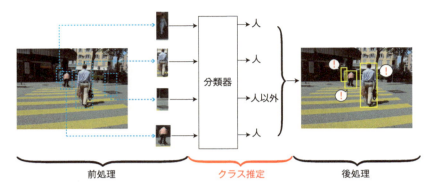

図 1.1 人検出システムの処理概要．画像からウィンドウを切り出したり，分類器に与えるための部分画像をどのように表現するかは前処理に対応します．分類器が与えたクラス推定をもとに，使用者に提供する情報を整えるための後処理が行われます．

データを取り扱うことができます．本書では，このようなデータに依存しない汎用的な方法論を取り扱います．

では，クラス推定を行う分類器を構成するにはどのようにすればよいのでしょうか．画像の例を使って考えると，2クラス分類問題の設定では，人かそうでないかがすでにわかっている画像をある程度の枚数持っていると仮定します．これは人が写っている画像とそうではない画像の分け方をコンピュータに「学習」してもらうためのデータであり，**訓練データ**（**training data**）と呼ばれます．分類問題とは，訓練データから分類のための「規則」を獲得・抽出する問題と考えることができます．そのような規則に基づいて分類器を構築することで，入力された新たな画像に対して人かどうか推定させることが可能になります．

引き続き画像の例を使って，訓練データの数学的な表記を説明します．訓練データは n 枚の画像と各々に人が写っているかどうかの情報によって構成されます．これを $\{(\boldsymbol{x}_i, y_i)\}_{i \in [n]}$ と表記することとします．$\boldsymbol{x}_i$ は画像を表現する何らかの数値ベクトルであり，**特徴ベクトル**（**feature vector**），あるいは**入力ベクトル**（**input vector**）と呼びます．画像をどのように数値表現するかにはさまざまな方法があります．単純には各画素値を並べて数値列を作ることもできますし，画像中の画素値の局所的な変化から特徴を生成

表 1.1 2クラス分類問題の応用例.

分野	タスク例 (入力 / クラス)
自然言語処理	スパムメールフィルタ (メールテキスト / スパムと通常メール)
生物学	がん転移予測 (遺伝子発現量や臨床情報 / 将来的な転移の有無)
金融	信用リスク予測 (顧客情報 / 債務不履行可能性の高低)

するより複雑な方法もよく用いられます.このような過程は**特徴抽出**(**feature extraction**)と呼ばれ,やはり特定のタスクに依存することが多いため,ここでは前処理の一つとみなし,どのように特徴が生成されたかは問題にしません[*1].一方,y_i は $\boldsymbol{x}_i$ に人が写っている場合 1,人が写っていない場合 -1 をとる 2 値変数だと考えます.出力となる y_i をクラスを表現する**ラベル**(**label**)と呼びます.ラベルが $y_i = 1$ の $\boldsymbol{x}_i$ が所属するクラスを正のクラス,$y_i = -1$ の $\boldsymbol{x}_i$ が所属するクラスを負のクラスと表現することもあります.また,一つの $\boldsymbol{x}_i$ と y_i の組 $(\boldsymbol{x}_i, y_i)$ を**事例**(**instance**)と呼びます.ある特定の事例に限らず,一般的な特徴ベクトルとラベルを考えるときには添字を省略して単に $\boldsymbol{x}$ や y と書くこととします.ここでは画像を例として説明しましたが,数値ベクトルとしての表現が与えられればどのような情報でも扱うことが可能です.表 1.1 に 2 クラス分類問題の応用例を示します.

上で定義した表記を用いると,分類器とは何らかの特徴ベクトル $\boldsymbol{x}$ が与えられたときにラベル y の予測値を返す関数だと解釈することができます.次節以降で述べる**サポートベクトルマシン**(**support vector machine**)(以下 **SVM**)は 2 クラス分類問題の代表的手法であり,未知データに対して高い予測精度を持つ分類器 (関数) が構築できることがさまざまな分野において報告されています.SVM はもともと本章で扱う 2 クラス分類問題のために考案されたものですが,その後,回帰問題や教師なし学習などへも拡張されました.本書では分類問題のための SVM と他の問題のための SVM を区別するため,前者を**サポートベクトル分類**(**support vector classification**)(以下 **SV 分類**)と呼ぶことにします.

[*1] ただし,当然ながらどのような特徴を用いるかは,最終的な精度に大きく影響するため注意して設計する必要があります.

1.2 線形 SV 分類

n 個の事例からなる訓練集合 $\{(\boldsymbol{x}_i, y_i)\}_{i \in [n]}$ が d 次元実数ベクトル $\boldsymbol{x}_i \in \mathbb{R}^d$ と，1 か -1 の値をとるラベル $y_i \in \{-1, 1\}$ から構成されていることとします．**決定関数**（**decision function**）と呼ばれる実数値関数 $f : \mathbb{R}^d \to \mathbb{R}$ を用いて，以下のように分類器 $g(\boldsymbol{x})$ を定義することを考えます．

$$g(\boldsymbol{x}) = \begin{cases} 1 & f(\boldsymbol{x}) > 0 \text{ の場合} \\ -1 & f(\boldsymbol{x}) < 0 \text{ の場合} \end{cases}$$

ここでは，$f(\boldsymbol{x})$ として以下の 1 次関数を考えます．

$$f(\boldsymbol{x}) = \boldsymbol{w}^\top \boldsymbol{x} + b \tag{1.1}$$

ただし，d 次元実数ベクトル $\boldsymbol{w} \in \mathbb{R}^d$ とスカラー $b \in \mathbb{R}$ は事前にはわからない未知の変数であり，これらをどのように推定するのかを考えなければなりません．スカラー変数 b をバイアスと呼ぶこともあります．$g(\boldsymbol{x})$ の定義では $f(\boldsymbol{x}) = 0$ が分類結果の変化する境目になっているため，$\boldsymbol{x}$ の空間において $f(\boldsymbol{x}) = 0$ となる $\boldsymbol{x}$ は二つのクラスを分ける境界を形成しています．そのような境界を**分類境界**（**classification boundary**）と呼びます．図 1.2 は $d = 2$ での例であり，中央を斜めに横切る直線が 2 次元空間内での分類境界 $f(\boldsymbol{x}) = 0$ に対応します．このように決定関数を使って分類器を定義する方法は非常に一般的であり多くの分類手法が採用していますが，パラメータをどのように推定するかによってさまざまな方法が存在します．本節では SV 分類がどのような考え方に基づいて $\boldsymbol{w}$ と b を推定するのかを述べます．決定関数として式 (1.1) を用いた SV 分類を**線形サポートベクトル分類**（**linear support vector classification**）（以下**線形 SV 分類**）と呼ぶこともあります．

1.2.1 ハードマージン

はじめに訓練集合内の点すべてを正しく分類できる $\boldsymbol{w}$ と b の組が存在する場合を考えます．このような場合，訓練集合は $f(\boldsymbol{x})$ によって**分離可能**（**sep-**

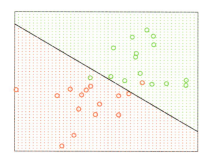

図 1.2 2 次元線形分類境界の例．緑色と赤色の丸い点はそれぞれ正のクラスと負のクラスに属する特徴ベクトルとします．背景が緑色の領域は $f(\boldsymbol{x}) > 0$，赤色の領域は $f(\boldsymbol{x}) < 0$ となる領域に対応します．緑色と赤色の領域の境界は $f(\boldsymbol{x}) = \boldsymbol{w}^\top \boldsymbol{x} + b = 0$ という 1 次方程式で定義されるため直線となります．

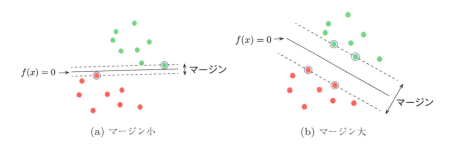

図 1.3 分類境界とマージン．外側を丸で囲まれた点は分類境界に最も近い点を表現しています．

arable) であると表現します．ある y_i について分類に成功しているなら，y_i と $f(\boldsymbol{x}_i)$ の符号が一致しているはずなので $y_i f(\boldsymbol{x}_i) > 0$ が成り立ちます．このことから，分離可能な訓練集合ではすべての $i \in [n]$ に対して $y_i f(\boldsymbol{x}_i) > 0$ が成り立つような $f(\boldsymbol{x})$ が存在することになります．一般に，訓練集合を分離できる分類境界は複数存在し得ます．サポートベクトルマシンではそれぞれのクラスのデータが分類境界からなるべく離れるようにして分類境界を定めます．図 1.3 にあるように分類境界を挟んで二つのクラスがどのくらい離れているかを**マージン**（**margin**）と呼びます．図 1.3 の (a) と (b) はどちらの分類境界もデータを正しく分類していますが，(a) は分類境界の近くに

データが存在するためマージンが小さくなっています．サポートベクトルマシンは (b) のように，なるべく大きなマージンを持つ分類境界を求めます．この考え方を**マージン最大化（margin maximization）**と呼びます．

マージン最大化は分類境界と「分類境界から最も近くにある x_i」との距離を最大化することで実現できます．ある x_i から分類境界までの距離は，点と平面の距離の公式から以下のように表現できます．

$$\frac{|\boldsymbol{w}^\top \boldsymbol{x}_i + b|}{\|\boldsymbol{w}\|}$$

一方，すべての点を正しく分類するという条件から，$y_i f(\boldsymbol{x}_i) > 0$ となっていなければなりません．ある正の実数 $M > 0$ に対して $y_i f(\boldsymbol{x}_i) \geq M$ がすべての $i \in [n]$ に成立しているとします．このとき，マージン最大化は以下の最適化問題によって表現できます．

$$\max_{\boldsymbol{w}, b, M} \frac{M}{\|\boldsymbol{w}\|}$$
$$\text{s.t.} \ y_i(\boldsymbol{w}^\top \boldsymbol{x}_i + b) \geq M, \ i \in [n]$$

s.t.（subject to の略）以降に続く条件式は**制約条件（constraint）**と呼ばれ，上式は制約条件が満たされている範囲での最大値を求めるという意味です．目的関数の値 $\frac{M}{\|\boldsymbol{w}\|}$ を最大化するためには M をなるべく大きくしたいわけですが，M は制約条件 $y_i(\boldsymbol{w}^\top \boldsymbol{x}_i + b) \geq M$ によってすべての $y_i(\boldsymbol{w}^\top \boldsymbol{x}_i + b)$ 以下でなくてはなりません．結果として M はすべての事例に対する $y_i(\boldsymbol{w}^\top \boldsymbol{x}_i + b)$ の値のうち最も小さい値と同じになります．そのような i を i' とすると，

$$\frac{M}{\|\boldsymbol{w}\|} = \frac{y_{i'}(\boldsymbol{w}^\top \boldsymbol{x}_{i'} + b)}{\|\boldsymbol{w}\|}$$
$$= \frac{|\boldsymbol{w}^\top \boldsymbol{x}_{i'} + b|}{\|\boldsymbol{w}\|}$$

となるため，目的関数の値は分類境界から最も近い点までの距離と一致することがわかります．すべての i について $y_i(\boldsymbol{w}^\top \boldsymbol{x}_i + b) > 0$ となる分類境界の存在を仮定しているために，最適な M は必ず正になることに注意してください．ここで，$\boldsymbol{w}$ と b を M で割った $\boldsymbol{w}/M$ と b/M を，それぞれ $\tilde{\boldsymbol{w}}$ と $\tilde{b}$ として置き換えると，より簡単な以下の形に帰着できます．

$$\max_{\tilde{\boldsymbol{w}},\tilde{b}} \frac{1}{\|\tilde{\boldsymbol{w}}\|}$$
$$\text{s.t. } y_i(\tilde{\boldsymbol{w}}^\top \boldsymbol{x}_i + \tilde{b}) \geq 1, \ i \in [n]$$

以下では，この $\tilde{\boldsymbol{w}}$ と $\tilde{b}$ を，$\boldsymbol{w}$ と b として定義しなおして用いることとします．$\frac{1}{\|\boldsymbol{w}\|}$ の最大化が，逆数である $\|\boldsymbol{w}\|$ の最小化と等価なことと，$\|\boldsymbol{w}\|$ の最小化はノルムを2乗した $\|\boldsymbol{w}\|^2$ の最小化と等価であることを考慮すると，最適化問題はさらに扱いやすい以下の形に書き換えることができます．

$$\min_{\boldsymbol{w},b} \|\boldsymbol{w}\|^2$$
$$\text{s.t. } y_i(\boldsymbol{w}^\top \boldsymbol{x}_i + b) \geq 1, \ i \in [n] \tag{1.2}$$

この最適化問題が分離可能性を仮定した場合の標準的な定式化です．分離可能性を仮定したSV分類を**ハードマージン（hard margin）**と呼ぶこともあります．

最適化問題 (1.2) の最適解を求めると，$y_i(\boldsymbol{w}^\top \boldsymbol{x}_i + b) = 1$ を満たす $\boldsymbol{x}_i$ が通常いくつか現れます．これは分類境界に最も近い $\boldsymbol{x}_i$ であり，図1.3 中の破線上の点に対応します．この分類境界を支えているような点のことを**サポートベクトル（support vector）**と呼びます．図の通り，マージンの幅はサポートベクトルのみによって定まっているため，サポートベクトル以外の事例は取り除いてしまってもSV分類によって得られる分類境界は変化しないことが知られています．

1.2.2 ソフトマージン

ハードマージンでは訓練事例を完璧に分類する $f(\boldsymbol{x})$ が存在するという仮定をおきましたが，現実の多くの問題にとってこの仮定は強すぎるでしょう．SV分類を分離可能でないデータに適用する場合には，**ソフトマージン（soft margin）**と呼ばれる拡張を考えます．この拡張はSV分類の持つ制約条件 $\boldsymbol{w}^\top \boldsymbol{x}_i + b \geq 1$ を緩和することで導かれます．ここで，新たに非負の変数 $\xi_i \geq 0, i \in [n]$ を導入し，制約条件 $y_i(\boldsymbol{w}^\top \boldsymbol{x}_i + b) \geq 1$ を以下のように変更します．

$$y_i(\boldsymbol{w}^\top \boldsymbol{x}_i + b) \geq 1 - \xi_i, \ i \in [n]$$

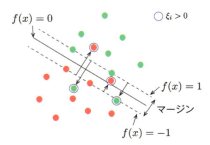

図 1.4 ソフトマージン．丸く外側を囲まれた点はマージンを超えてしまった入力点 $\boldsymbol{x}_i$ を表します．このとき対応する ξ_i は $\xi_i > 0$ となっています．ソフトマージンではこのような点の存在を許可することで，分離不可能な場合でも分類境界の推定を可能にします．

右辺が $1 - \xi_i$ ですので，この制約のもとでは $y_i(\boldsymbol{w}^\top \boldsymbol{x}_i + b)$ は 1 よりも ξ_i だけ小さくなってもよいということになります．これは**図 1.4** に示す通り，$\boldsymbol{x}_i$ がマージンを超えて異なるクラス側に入ってくるのを許容するということです．ハードマージンでは分類境界に最も近い $\boldsymbol{x}_i$ までの距離を使ってマージンを定義しましたが，以下で述べるソフトマージンでは図 1.4 のように $f(\boldsymbol{x}) = -1$ と $f(\boldsymbol{x}) = 1$ の間の距離をマージンだとして解釈します．

誤分類が発生したとき $y_i(\boldsymbol{w}^\top \boldsymbol{x}_i + b) < 0$ ですので，緩和された制約条件が成立するためには $\xi_i > 1$ でなければなりません．このため例えば $\sum_{i \in [n]} \xi_i$ がある整数 K 以下であれば誤分類の数も K 以下となります．このことから $\sum_{i \in [n]} \xi_i$ をなるべく小さく保つことで誤分類を抑制できることがわかります．そこで，サポートベクトルマシンの最適化問題を以下のように定義しなおします．

$$
\begin{aligned}
&\min_{\boldsymbol{w}, b, \boldsymbol{\xi}} \frac{1}{2} \|\boldsymbol{w}\|^2 + C \sum_{i \in [n]} \xi_i \\
&\text{s.t. } y_i(\boldsymbol{w}^\top \boldsymbol{x}_i + b) \geq 1 - \xi_i,\ i \in [n] \\
&\quad\quad \xi_i \geq 0,\ i \in [n]
\end{aligned}
\tag{1.3}
$$

ただし，添字のない $\boldsymbol{\xi}$ は $\boldsymbol{\xi} = (\xi_1, \ldots, \xi_n)^\top$ を意味することとします．この定式化では目的関数に新たな項 $C \sum_{i \in [n]} \xi_i$ が追加されています．係数 C は**正則化係数（regularization parameter）** と呼ばれる正の定数で，事前に何

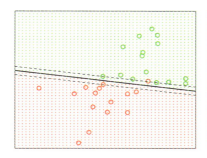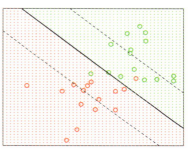

図 1.5 ソフトマージンによる分類. 左: $C = 100$, 右: $C = 0.1$. 左図のように C が大きいときには, ξ_i を抑制する力が強いためデータがマージンを超えて誤分類側に入ることはあまりありません. 比べて右図では C が小さく, マージンが広くとれさえすればデータがマージンを超えてしまうことを許容しています.

らかの値を与えておかなければなりません. 目的関数の第 1 項は分離可能な場合と同様にマージン最大化の働きを持ちます. $\|\boldsymbol{w}\|^2$ を 2 で割っているのは後々の計算を簡単にするためです. 第 2 項はもとの制約条件 $\boldsymbol{w}^\top \boldsymbol{x}_i + b \geq 1$ に対する違反の度合いである ξ_i がなるべく小さくなるように抑制しています. この項によって, たとえマージンが大きくても誤分類がたくさん発生するような分類境界は作られにくくなります. この抑制の度合いを調節するためのパラメータが正則化係数 C の役割です. C を大きくするとハードマージンに近づき, $C = \infty$ では $\boldsymbol{\xi}$ の要素が値を持つと無限大の値が目的関数に加わるため, $\boldsymbol{\xi}$ は常に $\mathbf{0}$ でなくてはならなくなります. これは $C = \infty$ においてソフトマージンはハードマージンに一致するということを意味しています. ただし, データが分離可能でない場合はどのような分類境界を求めても目的関数が ∞ になってしまうため計算できません. 逆に C を小さくすると誤分類をしても目的関数が大きく増えることはないため, より誤分類が許容されやすくなります. 図 1.5 は異なる C の値を用いたソフトマージンの分類結果を比較したものです. 具体的にどのような値に C を設定するべきかはデータに依存するため, **交差検証法 (cross validation)** などを使ってさまざまな C の結果を評価し, 最もよいものを選択することが多いでしょう[*2].

ソフトマージンでは各訓練集合を, $y_i(\boldsymbol{w}^\top \boldsymbol{x}_i + b)$ の値によって以下の三

[*2] 交差検証法については 8.1 節を参照してください.

つの種類に分けて考えることができます．

- **マージンの外側**
  $y_i(\boldsymbol{w}^\top \boldsymbol{x}_i + b) > 1$ となるような $\boldsymbol{x}_i$ を「マージンの外側」と呼びます．これは図 1.6 では四角で囲まれた点であり，緩和前の制約 $y_i(\boldsymbol{w}^\top \boldsymbol{x}_i + b) \geq 1$ を満たしているため対応する ξ_i は 0 になります．実は，$y_i(\boldsymbol{w}^\top \boldsymbol{x}_i + b) > 1$ となる点は分類境界の形成に影響を与えておらず，仮に訓練集合から取り除いたとしても解が変化しないことが知られています．
- **マージン上**
  $y_i(\boldsymbol{w}^\top \boldsymbol{x}_i + b) = 1$ となるような $\boldsymbol{x}_i$ は「マージン上」と呼びます．図 1.6 では三角で囲まれた破線上の点に対応します．この場合も緩和前の制約 $y_i(\boldsymbol{w}^\top \boldsymbol{x}_i + b) \geq 1$ を満たしているため対応する ξ_i は 0 になっています．マージン上の点はハードマージンにおけるサポートベクトルに対応するものであり，分類境界の形成に影響を与えます．
- **マージンの内側**
  $y_i(\boldsymbol{w}^\top \boldsymbol{x}_i + b) < 1$ となる $\boldsymbol{x}_i$ を「マージンの内側」と呼び，図 1.6 では丸で囲まれた点に対応します．このとき緩和前の制約 $y_i(\boldsymbol{w}^\top \boldsymbol{x}_i + b) \geq 1$ は満たされていないため対応する ξ_i は 0 より大きな値をとります．このような点はハードマージンでは存在していませんでしたが，ソフトマージンにおいてはマージンの内側の点も分類境界の形成に影響します．

ソフトマージンではマージン上の点とマージンの内側の点が分類境界の形成に影響しているので，これらをまとめてサポートベクトルとします[*3]．

1.3　双対表現

ここまで定式化してきた最適化問題 (1.2) や (1.3) は SV 分類の**主問題**（**primal problem**）とも呼ばれます．この主問題に対して**双対問題**（**dual problem**）という問題を導くことで，同じ最適化問題に対して違った見方

[*3]　文献によってはこれらを分けて考える場合もあります．

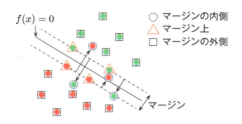

図 1.6 マージンの内側・マージン上・マージンの外側.

を与えられることがあります．SVM の場合には主問題の代わりに双対問題を解くことでも分類器を得ることができ，多くのソフトウェアは双対問題を内部的に解いています．これには，SVM において双対問題が主問題よりも解きやすい場合があることや，次節で取り扱う分類境界の非線形化を考えるうえで双対問題の形式が有用であることが関係しています．ここでは SVM の双対問題の導出を行いますが，双対理論の厳密な解説は本書の範囲を超えますので数値最適化のテキストを参照してください[22]．また，ハードマージンは $C = \infty$ とした場合のソフトマージンとして解釈することができるため，以下では主にソフトマージンの定式化 (1.3) を使って考えます．

1.3.1 双対問題

まず，双対問題と呼ばれる問題を導出します．最適化問題 (1.3) を以下のように書き換えます．

$$
\begin{aligned}
&\min_{\boldsymbol{w},b,\boldsymbol{\xi}} \frac{1}{2}\|\boldsymbol{w}\|^2 + C \sum_{i \in [n]} \xi_i \\
&\text{s.t.} \ -\left(y_i(\boldsymbol{w}^\top \boldsymbol{x}_i + b) - 1 + \xi_i\right) \leq 0, \ i \in [n] \\
&\quad\quad -\xi_i \leq 0, \ i \in [n]
\end{aligned}
\tag{1.4}
$$

ここで，新たに $\alpha_i \in \mathbb{R}^+, i \in [n]$ と $\mu_i \in \mathbb{R}^+, i \in [n]$ という非負の変数を導入します．α_i と一つ目の制約条件の左辺 $-(y_i(\boldsymbol{w}^\top \boldsymbol{x}_i + b) - 1 + \xi_i)$，$\mu_i$ と二つ目の制約条件の左辺 $-\xi_i$ を乗算したものをそれぞれ目的関数に足し合わせた関数を作ると，**ラグランジュ関数（Lagrange function）**と呼ばれる

以下の関数になります*4.
$$L(\bm{w},b,\bm{\xi},\bm{\alpha},\bm{\mu}) = \frac{1}{2}\|\bm{w}\|^2 + C\sum_{i\in[n]}\xi_i \\ - \sum_{i\in[n]}\alpha_i\left(y_i(\bm{w}^\top\bm{x}_i+b)-1+\xi_i\right) - \sum_{i\in[n]}\mu_i\xi_i$$

ただし，添字のない $\bm{\alpha}$ と $\bm{\mu}$ はベクトル $\bm{\alpha} = (\alpha_1,\ldots,\alpha_n)^\top$, $\bm{\mu} = (\mu_1,\ldots,\mu_n)^\top$ を意味することとします．また，$\bm{w},b,\bm{\xi}$ を**主変数（primal variable）**，$\bm{\alpha},\bm{\mu}$ を**双対変数（dual variable）**と呼びます．ここで，ラグランジュ関数を双対変数について最大化した関数を $\mathcal{P}(\bm{w},b,\bm{\xi})$ として定義します．

$$\mathcal{P}(\bm{w},b,\bm{\xi}) = \max_{\bm{\alpha}\geq\bm{0},\bm{\mu}\geq\bm{0}} L(\bm{w},b,\bm{\xi},\bm{\alpha},\bm{\mu})$$

ただし，$\bm{\alpha}\geq\bm{0},\bm{\mu}\geq\bm{0}$ はそれぞれの要素がすべて 0 以上という制約を表現していることとします．この関数を主変数について最小化する以下の最適化問題を考えます．

$$\min_{\bm{w},b,\bm{\xi}}\mathcal{P}(\bm{w},b,\bm{\xi}) = \min_{\bm{w},b,\bm{\xi}}\max_{\bm{\alpha}\geq\bm{0},\bm{\mu}\geq\bm{0}} L(\bm{w},b,\bm{\xi},\bm{\alpha},\bm{\mu}) \tag{1.5}$$

この問題が実はもとの最適化問題 (1.4) と等価であることを説明します．まず，関数 $\mathcal{P}(\bm{w},b,\bm{\xi})$ 内の max は L の後ろ 2 項にのみかかわるため，以下の関係が成立します．

$$\mathcal{P}(\bm{w},b,\bm{\xi}) = \frac{1}{2}\|\bm{w}\|^2 + C\sum_{i\in[n]}\xi_i \\ + \max_{\bm{\alpha}\geq\bm{0},\bm{\mu}\geq\bm{0}}\left(-\sum_{i\in[n]}\alpha_i\left(y_i(\bm{w}^\top\bm{x}_i+b)-1+\xi_i\right) - \sum_{i\in[n]}\mu_i\xi_i\right) \\ = \begin{cases}\frac{1}{2}\|\bm{w}\|^2 + C\sum_{i\in[n]}\xi_i & \text{主変数が実行可能な場合} \\ \text{定義なし} & \text{主変数が実行可能でない場合}\end{cases}$$

ここで，最適化問題において制約条件をすべて満たしていることを**実行可能（feasible）**であるといいます．主変数が実行可能でない場合，$-(y_i(\bm{w}^\top\bm{x}_i+b)$

---

*4 **Lagrangian function**，あるいは単に **Lagrangian** と呼ばれることもあります．

$-1+\xi_i) > 0$ か $-\xi_i > 0$ となっている i が存在します．このとき双対変数に関する最大化を考えると，そのような i に対応する α_i か μ_i を大きくすることでラグランジュ関数 L をどこまでも大きくすることができてしまい，最大値が存在しなくなってしまいます[*5]．一方，主変数が実行可能な場合，すべての i で $-(y_i(\boldsymbol{w}^\top \boldsymbol{x}_i + b) - 1 + \xi_i) \leq 0$ かつ $-\xi_i \leq 0$ であるため，これらと非負である双対変数 α_i または μ_i との積の項の最大値は 0 であり，もとの最適化問題 (1.4) の目的関数が現れています．そのため，最適化問題 (1.5) はラグランジュ関数を使って主問題と等価な問題を表現していることがわかります．

今度は，ラグランジュ関数を主変数について最小化した関数を定義します．

$$\mathcal{D}(\boldsymbol{\alpha}, \boldsymbol{\mu}) = \min_{\boldsymbol{w}, b, \boldsymbol{\xi}} L(\boldsymbol{w}, b, \boldsymbol{\xi}, \boldsymbol{\alpha}, \boldsymbol{\mu})$$

ここでは，主変数に関しては何の制約も課してないことに注意してください．$\mathcal{D}(\boldsymbol{\alpha}, \boldsymbol{\mu})$ を双対変数 $\boldsymbol{\alpha}, \boldsymbol{\mu}$ について最大化する以下の問題を双対問題と呼ぶこととします．

$$\max_{\boldsymbol{\alpha} \geq \boldsymbol{0}, \boldsymbol{\mu} \geq \boldsymbol{0}} \mathcal{D}(\boldsymbol{\alpha}, \boldsymbol{\mu}) = \max_{\boldsymbol{\alpha} \geq \boldsymbol{0}, \boldsymbol{\mu} \geq \boldsymbol{0}} \min_{\boldsymbol{w}, b, \boldsymbol{\xi}} L(\boldsymbol{w}, b, \boldsymbol{\xi}, \boldsymbol{\alpha}, \boldsymbol{\mu}) \tag{1.6}$$

この問題は主問題 (1.5) の min と max を入れ替えた形になっていることに注意してください．この最適化問題は整理すると双対変数のみを使って表現できます．まず，式 (1.6) 右辺の内側の最小化について考えます．L の $\boldsymbol{w}, b, \xi_i$ の偏微分が 0 になるという条件を導出すると以下のようになります．

$$\frac{\partial L}{\partial \boldsymbol{w}} = \boldsymbol{w} - \sum_{i \in [n]} \alpha_i y_i \boldsymbol{x}_i = \boldsymbol{0} \tag{1.7}$$

$$\frac{\partial L}{\partial b} = -\sum_{i \in [n]} \alpha_i y_i = 0 \tag{1.8}$$

$$\frac{\partial L}{\partial \xi_i} = C - \alpha_i - \mu_i = 0, \ i \in [n] \tag{1.9}$$

L は $\boldsymbol{w}$ に関して凸 2 次関数であり，微分して 0 になる点で最小となることは明らかです．L は b と ξ_i に関して 1 次式なので係数（つまり微分して得られる値）が 0 でない限り，制約のない最小化ではこれらの変数を動かすこと

[*5] よって，$\mathcal{P}(\boldsymbol{w}, b, \boldsymbol{\xi})$ の値が定義されず，式 (1.5) の最小化を考えることもできません．

で L をどこまでも小さくすることができてしまいます．そのため，$\mathcal{D}(\boldsymbol{\alpha}, \boldsymbol{\mu})$ の最大化を行うにあたって双対変数は式 (1.8) と式 (1.9) の条件を満たしていなければなりません．以上の条件式が満たされていると，ラグランジュ関数から主変数を消去することができます．以下ではまず L の各項を並べ替えた後に，条件式 (1.7)〜(1.9) を代入しています．

$$
\begin{aligned}
L &= \frac{1}{2}\|\boldsymbol{w}\|^2 - \sum_{i \in [n]} \alpha_i y_i \boldsymbol{w}^\top \boldsymbol{x}_i - b \sum_{i \in [n]} \alpha_i y_i + \sum_{i \in [n]} \alpha_i + \sum_{i \in [n]} (C - \alpha_i - \mu_i)\xi_i \\
&= -\frac{1}{2} \sum_{i,j \in [n]} \alpha_i \alpha_j y_i y_j \boldsymbol{x}_i^\top \boldsymbol{x}_j + \sum_{i \in [n]} \alpha_i
\end{aligned}
$$

この場合には $\boldsymbol{\mu}$ も消去されたため，$\boldsymbol{\alpha}$ のみの関数になりました．ξ_i に関する微分 (1.9) を変形すると，$C - \alpha_i = \mu_i \geq 0$ であることから $C - \alpha_i \geq 0$ という制約が得られます．これらをまとめると，サポートベクトルマシンの双対問題は以下のように表現できます．

$$
\begin{aligned}
\max_{\boldsymbol{\alpha}} \quad & -\frac{1}{2} \sum_{i,j \in [n]} \alpha_i \alpha_j y_i y_j \boldsymbol{x}_i^\top \boldsymbol{x}_j + \sum_{i \in [n]} \alpha_i \\
\text{s.t.} \quad & \sum_{i \in [n]} \alpha_i y_i = 0 \\
& 0 \leq \alpha_i \leq C, \; i \in [n]
\end{aligned} \tag{1.10}
$$

多くの場合，サポートベクトルマシンの双対問題といったときには式 (1.10) のことを指します．

1.3.2 双対性と鞍点

主問題と双対問題の関係性について考えます．簡単のため，ここでは主問題と双対問題ともに最適な値を達成する主変数 $\boldsymbol{w}, b, \boldsymbol{\xi}$ と双対変数 $\boldsymbol{\alpha}, \boldsymbol{\mu}$ の組が存在することをあらかじめ仮定しておきます．主問題 (1.5) の最適解を $\boldsymbol{w}^*, b^*, \boldsymbol{\xi}^*$，双対問題 (1.6) の最適解を $\boldsymbol{\alpha}^*, \boldsymbol{\mu}^*$ とすると，以下の関係が成立しています．

$$
\begin{aligned}
\mathcal{D}(\boldsymbol{\alpha}^*, \boldsymbol{\mu}^*) &= \min_{\boldsymbol{w}, b, \boldsymbol{\xi}} L(\boldsymbol{w}, b, \boldsymbol{\xi}, \boldsymbol{\alpha}^*, \boldsymbol{\mu}^*) \\
&\leq L(\boldsymbol{w}^*, b^*, \boldsymbol{\xi}^*, \boldsymbol{\alpha}^*, \boldsymbol{\mu}^*)
\end{aligned}
$$

$$\leq \max_{\boldsymbol{\alpha}\geq \mathbf{0}, \boldsymbol{\mu}\geq \mathbf{0}} L(\boldsymbol{w}^*, b^*, \boldsymbol{\xi}^*, \boldsymbol{\alpha}, \boldsymbol{\mu}) = \mathcal{P}(\boldsymbol{w}^*, b^*, \boldsymbol{\xi}^*) \tag{1.11}$$

ここから双対問題の最適値が主問題の最適値以下だという以下の関係がわかります．

$$\mathcal{D}(\boldsymbol{\alpha}^*, \boldsymbol{\mu}^*) \leq \mathcal{P}(\boldsymbol{w}^*, b^*, \boldsymbol{\xi}^*)$$

これは**弱双対性**（**weak duality**）と呼ばれる性質であり，どのような最適化問題でも成立します．サポートベクトルマシンの場合，より強い以下の**強双対性**（**strong duality**）と呼ばれる性質が成り立つことが知られています．

$$\mathcal{D}(\boldsymbol{\alpha}^*, \boldsymbol{\mu}^*) = \mathcal{P}(\boldsymbol{w}^*, b^*, \boldsymbol{\xi}^*) \tag{1.12}$$

これはつまり主問題と双対問題の目的関数値が最適解において一致するということです[*6]．強双対性 (1.12) が成立するとき，不等式 (1.11) の左辺と右辺が等しくなることから以下の等式が得られます．

$$\mathcal{P}(\boldsymbol{w}^*, b^*, \boldsymbol{\xi}^*) = L(\boldsymbol{w}^*, b^*, \boldsymbol{\xi}^*, \boldsymbol{\alpha}^*, \boldsymbol{\mu}^*) = \mathcal{D}(\boldsymbol{\alpha}^*, \boldsymbol{\mu}^*) \tag{1.13}$$

さらに，定義から成り立つ以下の関係に注目します[*7]．

$$\mathcal{P}(\boldsymbol{w}^*, b^*, \boldsymbol{\xi}^*) = \max_{\boldsymbol{\alpha}\geq \mathbf{0}, \boldsymbol{\mu}\geq \mathbf{0}} L(\boldsymbol{w}^*, b^*, \boldsymbol{\xi}^*, \boldsymbol{\alpha}, \boldsymbol{\mu}) \geq L(\boldsymbol{w}^*, b^*, \boldsymbol{\xi}^*, \boldsymbol{\alpha}, \boldsymbol{\mu})$$

$$\mathcal{D}(\boldsymbol{\alpha}^*, \boldsymbol{\mu}^*) = \min_{\boldsymbol{w}, b, \boldsymbol{\xi}} L(\boldsymbol{w}, b, \boldsymbol{\xi}, \boldsymbol{\alpha}^*, \boldsymbol{\mu}^*) \leq L(\boldsymbol{w}, b, \boldsymbol{\xi}, \boldsymbol{\alpha}^*, \boldsymbol{\mu}^*)$$

一つ目の不等式を式 (1.13) の左辺に，二つ目の不等式を式 (1.13) の右辺に代入すると以下の不等式を得ます．

$$L(\boldsymbol{w}^*, b^*, \boldsymbol{\xi}^*, \boldsymbol{\alpha}, \boldsymbol{\mu}) \leq L(\boldsymbol{w}^*, b^*, \boldsymbol{\xi}^*, \boldsymbol{\alpha}^*, \boldsymbol{\mu}^*) \leq L(\boldsymbol{w}, b, \boldsymbol{\xi}, \boldsymbol{\alpha}^*, \boldsymbol{\mu}^*)$$

この不等式は $L(\boldsymbol{w}^*, b^*, \boldsymbol{\xi}^*, \boldsymbol{\alpha}^*, \boldsymbol{\mu}^*)$ が，主変数 $\boldsymbol{w}, b, \boldsymbol{\xi}$ については極小値であり，双対変数 $\boldsymbol{\alpha}, \boldsymbol{\mu}$ については極大値であることを意味しています．このような点は関数の**鞍点**（**saddle point**）と呼ばれます（図 1.7）．このことから，主問題と双対問題が最適解であるラグランジュ関数の鞍点に対して異なる方向からアプローチするものだと解釈できることがわかります．

[*6] この等式の証明は 6.2 節で行います．
[*7] 双対変数 $\boldsymbol{\alpha}$ と $\boldsymbol{\mu}$ は常に非負であることを仮定しています．

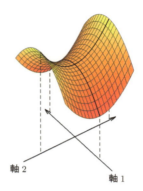

図 1.7 鞍点の概念図．鞍点ではある方向に関しては関数は極大値をとり，同時に別の方向については極小値をとります．図の鞍点では軸 1 の方向に関しては極大値，軸 2 の方向に関しては極小値をとっています．

1.3.3 最適性条件

最適化問題の解を得るためには，解の最適性を判定するための条件を知る必要があります．そのような条件を記述するときにも双対変数が現れます．SV 分類の解の最適性は以下の**カルーシュ・クーン・タッカー条件（Karush-Kuhn-Tucker condition）**（以下 **KKT 条件**）が必要十分条件になっていることが知られています．

$$\frac{\partial L}{\partial \boldsymbol{w}} = \boldsymbol{w} - \sum_{i \in [n]} \alpha_i y_i \boldsymbol{x}_i = \boldsymbol{0} \tag{1.14}$$

$$\frac{\partial L}{\partial b} = \sum_{i \in [n]} \alpha_i y_i = 0 \tag{1.15}$$

$$\frac{\partial L}{\partial \xi_i} = C - \alpha_i - \mu_i = 0,\, i \in [n] \tag{1.16}$$

$$-\left(y_i(\boldsymbol{w}^\top \boldsymbol{x}_i + b) - 1 - \xi_i\right) \leq 0,\, i \in [n] \tag{1.17}$$

$$-\xi_i \leq 0,\, i \in [n] \tag{1.18}$$

$$\alpha_i \geq 0,\, i \in [n] \tag{1.19}$$

$$\mu_i \geq 0,\, i \in [n] \tag{1.20}$$

$$\alpha_i \left(y_i(\boldsymbol{w}^\top \boldsymbol{x}_i + b) - 1 - \xi_i\right) = 0,\, i \in [n] \tag{1.21}$$

$$\mu_i \xi_i = 0, \ i \in [n] \tag{1.22}$$

最初の三つの式 (1.14)〜(1.16) はラグランジュ関数の主変数に関する微分，次の二つの式 (1.17)〜(1.18) は主問題の制約条件，式 (1.19)〜(1.20) は双対変数の非負条件であり，最後の二つの条件 (1.21)〜(1.22) は双対変数と不等式制約の乗算によって定義される**相補性条件**（**complementarity condition**）という条件です．これらの条件が最適性を保証することの導出は 6.2 節で述べます．SVM の計算や解が持つ性質を考えるうえで，KKT 条件は重要な役割を果たします．

双対問題を解いて双対変数 $\boldsymbol{\alpha}$ だけを求めたとします．このとき式 (1.14) から得られる $\boldsymbol{w} = \sum_{i \in [n]} \alpha_i y_i \boldsymbol{x}_i$ の関係を用いると決定関数 $f(\boldsymbol{x}) = \boldsymbol{w}^\top \boldsymbol{x} + b$ は $\boldsymbol{\alpha}$ を用いて以下のように表現できます．

$$f(\boldsymbol{x}) = \sum_{i \in [n]} \alpha_i y_i \boldsymbol{x}_i^\top \boldsymbol{x} + b \tag{1.23}$$

残った b も相補性条件を使うと $\boldsymbol{\alpha}$ から求めることができます．まず，相補性条件 (1.21) から，$\alpha_i > 0$ のとき，$y_i(\boldsymbol{w}^\top \boldsymbol{x}_i + b) - 1 - \xi_i = 0$ となります．さらに，式 (1.16) から得られる $\mu_i = C - \alpha_i$ を相補性条件 (1.22) に代入すると $(C - \alpha_i)\xi_i = 0$ となり，$\alpha_i < C$ であれば $\xi_i = 0$ でなければならないことがわかります．まとめると，以下の関係性が得られます．

$$y_i(\boldsymbol{w}^\top \boldsymbol{x}_i + b) - 1 = 0, \ i \in \{i \in [n] \mid 0 < \alpha_i < C\}$$

$\boldsymbol{w} = \sum_{i \in [n]} \alpha_i y_i \boldsymbol{x}_i$ を代入して変形すると，b を以下の式によって $\boldsymbol{\alpha}$ から計算できることがわかります．

$$b = y_i - \sum_{i' \in [n]} \alpha_{i'} y_{i'} \boldsymbol{x}_{i'}^\top \boldsymbol{x}_i, \ i \in \{i \in [n] \mid 0 < \alpha_i < C\}$$

集合 $\{i \in [n] \mid 0 < \alpha_i < C\}$ 内の任意の i についてこの式は成立しますが，実際の実装では数値計算上の安定性を考慮し条件を満たすすべての i を使って平均をとることもあります．結果として，双対問題の解さえわかれば決定関数を求められることが確かめられました．

相補性条件を使って，マージンと各事例 i の位置関係から双対変数 α_i の値を以下のように特徴づけることができます．

表 1.2 マージンと特徴ベクトルの位置関係と双対変数

マージンの外側 (図 1.6 中 ○)	$y_i(\boldsymbol{w}^\top \boldsymbol{x}_i + b) > 1$	$\alpha_i = 0$
マージン上 (図 1.6 中 △)	$y_i(\boldsymbol{w}^\top \boldsymbol{x}_i + b) = 1$	$\alpha_i \in [0, C]$
マージンの内側 (図 1.6 中 □)	$y_i(\boldsymbol{w}^\top \boldsymbol{x}_i + b) < 1$	$\alpha_i = C$

- **マージンの外側**

  マージンの外側に位置する $\boldsymbol{x}_i$ では,$y_i(\boldsymbol{w}^\top \boldsymbol{x}_i + b) - 1 > 0$ が成立しています.これは i という事例についてはハードマージンの制約が成立していることを意味しますので,必ず $\xi_i = 0$ になります.このとき,相補性条件 $\alpha_i(y_i(\boldsymbol{w}^\top \boldsymbol{x}_i + b) - 1 - \xi_i) = 0$ より $\alpha_i = 0$ が導かれます.

- **マージンの内側**

  マージンの内側に位置する $\boldsymbol{x}_i$ では,$y_i(\boldsymbol{w}^\top \boldsymbol{x}_i + b) - 1 < 0$ となり,$\xi_i > 0$ となります.このとき相補性条件 $\mu_i \xi_i = 0$ から $\mu_i = 0$ でなくてはならず,$\mu_i = C - \alpha_i = 0$ から $\alpha_i = C$ が導かれます.

- **マージン上**

  上記以外のマージン上の $\boldsymbol{x}_i$ に対応する α_i については $[0, C]$ の範囲内でさまざまな値をとります.

以上の関係性をまとめたのが**表 1.2** です.マージンの外側に位置する特徴ベクトルが多数存在する場合には,双対変数のベクトル $\boldsymbol{\alpha}$ はたくさんの 0 要素を持つことになります.一般に,行列やベクトルが多くの 0 要素を持つとき,それらは**スパース(疎)**(**sparse**)であるといいます.マージンの外側は,正しく分類されかつ分類境界からマージンの距離以上離れているような点ですので,直感的には訓練集合が比較的よく分離できるような場合に双対変数 $\boldsymbol{\alpha}$ がスパースになりやすいといえるでしょう.

1.4 カーネルによる一般化

双対問題は SVM の非線形化を考えるうえで重要な役割を果たします.入力 $\boldsymbol{x}$ を何らかの特徴空間 $\mathcal{F}$ へ写像する関数 $\phi : \mathbb{R}^d \to \mathcal{F}$ を考えます.この $\phi(\boldsymbol{x})$ を新たな特徴ベクトルだと解釈すると $f(\boldsymbol{x})$ は以下のように変化します.

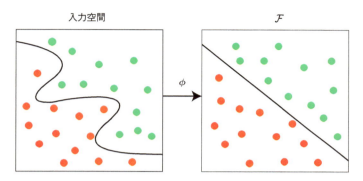

図 1.8 写像 ϕ が非線形な場合，入力 $\boldsymbol{x}$ の空間（左）では決定関数 $f(\boldsymbol{x}) = \boldsymbol{w}^\top \phi(\boldsymbol{x}) + b$ は非線形の分類境界を形成します．一方，$f(\boldsymbol{x})$ は $\phi(\boldsymbol{x})$ に関しては 1 次なため $\phi(\boldsymbol{x})$ の空間 $\mathcal{F}$（右）では線形な分類境界として表現されています．

$$f(\boldsymbol{x}) = \boldsymbol{w}^\top \phi(\boldsymbol{x}) + b$$

この場合，パラメータ $\boldsymbol{w}$ も特徴空間 $\mathcal{F}$ 内の要素として定義されます（$\boldsymbol{w} \in \mathcal{F}$）．写像 ϕ による変換が非線形であれば $f(\boldsymbol{x}) = 0$ によって定義される分類境界はもとの $\boldsymbol{x}$ の空間では非線形になり得ます．一方，$f(\boldsymbol{x})$ は $\phi(\boldsymbol{x})$ に関しては 1 次ですので，$\phi(\boldsymbol{x})$ の空間 $\mathcal{F}$ では $f(\boldsymbol{x}) = 0$ は線形な分類境界を形成していることになります（**図 1.8**）．そのため，変換後の $\phi(\boldsymbol{x})$ を新たな特徴ベクトルとみなして $\boldsymbol{x}$ と置き換えれば，これまでの導出はそのまま成立します．双対問題 (1.10) の $\boldsymbol{x}$ を $\phi(\boldsymbol{x})$ に置き換えることで以下を得ます．

$$\begin{aligned}
\max_{\boldsymbol{\alpha}} \quad & -\frac{1}{2} \sum_{i,j \in [n]} \alpha_i \alpha_j y_i y_j \phi(\boldsymbol{x}_i)^\top \phi(\boldsymbol{x}_j) + \sum_{i \in [n]} \alpha_i \\
\text{s.t.} \quad & \sum_{i \in [n]} \alpha_i y_i = 0 \\
& 0 \leq \alpha_i \leq C,\ i \in [n]
\end{aligned}$$

この問題において ϕ は内積 $\phi(\boldsymbol{x}_i)^\top \phi(\boldsymbol{x}_j)$ の形でのみ現れていることに注目してください．これはつまり，この最適化問題を解くうえで $\phi(\boldsymbol{x})$ を直接計算する必要は必ずしもなく，内積 $\phi(\boldsymbol{x}_i)^\top \phi(\boldsymbol{x}_j)$ さえ計算できればよいということです．そこで，内積 $\phi(\boldsymbol{x}_i)^\top \phi(\boldsymbol{x}_j)$ を**カーネル関数**（**kernel function**）

として以下のように定義します.

$$K(\boldsymbol{x}_i, \boldsymbol{x}_j) = \boldsymbol{\phi}(\boldsymbol{x}_i)^\top \boldsymbol{\phi}(\boldsymbol{x}_j)$$

ある特定の性質を満たす関数を用いると $\boldsymbol{\phi}(\boldsymbol{x})$ の計算を行うことなく直接 $K(\boldsymbol{x}_i, \boldsymbol{x}_j)$ が計算できることが知られています.よく用いられるカーネル関数として以下の **RBF(radial basis function)カーネル**が知られています[*8].

$$K(\boldsymbol{x}_i, \boldsymbol{x}_j) = \exp\left(-\gamma \|\boldsymbol{x}_i - \boldsymbol{x}_j\|^2\right)$$

ただし,$\gamma > 0$ はハイパーパラメータであり事前に設定する必要があります[*9].カーネル関数の性質については第 5 章で詳細に解説します.カーネル関数を使うと双対問題は以下のように記述できます.

$$\begin{aligned}
\max_{\boldsymbol{\alpha}} \quad & -\frac{1}{2} \sum_{i,j \in [n]} \alpha_i \alpha_j y_i y_j K(\boldsymbol{x}_i, \boldsymbol{x}_j) + \sum_{i \in [n]} \alpha_i \\
\text{s.t.} \quad & \sum_{i \in [n]} \alpha_i y_i = 0 \\
& 0 \leq \alpha_i \leq C, \ i \in [n]
\end{aligned} \quad (1.24)$$

同様に,式 (1.23) より $f(\boldsymbol{x})$ もカーネル関数によって以下のように表現できます.

$$f(\boldsymbol{x}) = \sum_{i \in [n]} \alpha_i y_i K(\boldsymbol{x}_i, \boldsymbol{x}) + b \quad (1.25)$$

そのため,最適化や決定関数の計算には $\boldsymbol{\phi}(\boldsymbol{x})$ を明示的に計算する必要がありません.また当然,入力空間の内積をカーネル関数 $K(\boldsymbol{x}_i, \boldsymbol{x}_j) = \boldsymbol{x}_i^\top \boldsymbol{x}_j$ として定義すれば,線形 SV 分類も式 (1.24) と式 (1.25) によって表現できます.図 1.9 に三つの異なる C を用いた RBF カーネルによる非線形 SV 分類の例を示します.図から,非線形な分類境界が形成されていることが確認できます.また,同図では C の変化に伴って訓練集合をより厳密に分けようとしている様子もわかります.これは線形の場合同様に C が大きくなるにつ

[*8] ガウスカーネルと呼ぶこともあります.
[*9] 本書では,学習によって定められない,事前に与える必要のあるパラメータを**ハイパーパラメータ**(**hyper-parameter**)と呼ぶこととします.

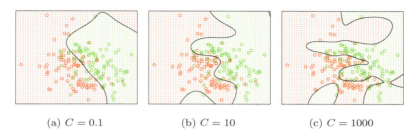

図 1.9 RBF カーネルによる SV 分類.

れハードマージンに近づくためです.

1.5 計算上の特徴

SV 分類が広く普及した理由には予測精度の高さ以外にも,実装上での計算について望ましい以下の性質を兼ね備えていたことも深く関連しています.

- 凸 2 次最適化問題への帰着

  SV 分類の最適化問題は**凸 2 次最適化問題**（**convex quadratic optimization problem**）と呼ばれる種類の最適化問題に属します.凸 2 次最適化問題は比較的扱いやすい最適化問題であり,どのような初期値から最適化をはじめても大域最適解に辿り着くことが保証できます.そのため,凸 2 次最適化問題へ帰着されるということは SV 分類の利点の一つであると考えられています.

- 双対変数のスパース性

  双対変数 $\boldsymbol{\alpha}$ の一部が 0 になることは計算効率について有利に働くことがあります.例えば,式 (1.25) によって $f(\boldsymbol{x})$ を計算する際には $i = 1 \sim n$ の和を計算していますが,$\alpha_i = 0$ となっている i については足す必要がありません.そのため特に α_i の多くのものが 0 になっている場合は,計算時間の短縮につながります.この特徴は双対問題を解く過程でも利用できる場合があり,最適化計算を高速化できることもあります.実は,サポートベクトルになっていない $\boldsymbol{x}_i$（非サポートベクトル）は分

類境界にまったく影響を与えていないことが知られています．これは訓練集合から非サポートベクトルに対応する $\boldsymbol{x}_i$ を除去してしまっても得られる分類境界が変わらないということです．

- 内積によるデータの表現

1.4 節で述べた通り，SV 分類の双対問題は特徴ベクトル $\boldsymbol{x}$ に対して内積の形でのみ依存します．これによってカーネル関数による非線形化が可能になることを示しました．特定の問題が特徴ベクトルの内積のみで表現されている場合に，内積をカーネル関数で置き換えてモデルを非線形化する考え方は**カーネルトリック**（**kernel trick**）と呼ばれ，これは例えば**主成分分析**（**principal component analysis**）など SVM 以外の手法でも広く利用されてきました．また，双対問題を使う場合，内積のみがわかっていれば $\boldsymbol{x}_i$ そのものを保持する必要がありません．特徴ベクトルを並べた行列 $[\boldsymbol{x}_1, \ldots, \boldsymbol{x}_n]^\top$ が nd の要素数であるのに対して，内積は事例数のペア $n(n-1)/2$ だけ存在しますので，訓練集合のサイズ n が次元数 d に対して小さいと内積を保持する方が少ないメモリ容量で済む場合があります．

1.6 SV 分類の性質

ここまで SV 分類をマージン最大化に基づく分類手法として導出してきました．ここでは，まず一般的な統計的推定問題として分類問題がどのような枠組みで記述できるかを述べ，そのなかで SV 分類がどのように解釈されるかを解説します．この枠組みは SV 分類以外の 2 クラス分類手法をも包含するため，SV 分類とその他の手法との違いを明確にするのにも役立ちます．

1.6.1 期待損失最小化

入力とラベルを確率変数とみなし大文字の X と Y と表記します．このとき実際の訓練データはこの確率変数の実現値だと捉えることができます．例えば $(\boldsymbol{x}_i, y_i)$ が観測されたなら，$X = \boldsymbol{x}_i$ や $Y = y_i$ などと表記します．データが確率密度関数 $p(X, Y)$ に基づいて生成されていると考えたとき，どのような分類器 $g(\boldsymbol{x})$ が望ましいのでしょうか．分類器のよさを測るために**損失**

関数（loss function）$\ell(y, g(\boldsymbol{x}))$ という関数を導入します．2 クラス分類問題の場合には，**0-1 損失**（**0-1 loss**）と呼ばれる関数がよく用いられます．

$$\ell(y, g(\boldsymbol{x})) = \begin{cases} 0 & y = g(\boldsymbol{x}) \text{ の場合} \\ 1 & y \neq g(\boldsymbol{x}) \text{ の場合} \end{cases}$$

この関数は分類に成功すると 0，失敗すると 1 を返します．さらに，起こり得るすべての X と Y に対して期待値をとった以下の**期待損失**（**expected loss**）を考えます．

$$\mathbb{E}_{X,Y}\left[\ell(Y, g(X))\right] \tag{1.26}$$

ただし，$\mathbb{E}_{X,Y}$ は $p(X, Y)$ に関する期待値とします．期待損失は母集団全体に対しての期待値で分類器の精度を評価していますので，この値が小さいほど精度の高い分類器だと考えることができます．0-1 損失の場合，期待損失を最小化するような分類器は条件付き確率を使って以下のように定義されます．

$$g(\boldsymbol{x}) = \operatorname*{argmax}_{y \in \{1, -1\}} p(Y = y \mid X = \boldsymbol{x})$$

ただし，$p(Y = y \mid X = \boldsymbol{x})$ は条件付き確率であり縦棒「|」の後ろにくる条件のもとでの確率という意味です．この $g(\boldsymbol{x})$ は X の実現値 $\boldsymbol{x}$ を観測したという条件下で，最も確率の高いラベルを返していますので非常に直感にかなった分類規則になっているのがわかります．条件付き確率によって定義されたこの分類器は**ベイズ分類器**（**Bayes classifier**）と呼ばれます．またベイズ分類器が作る分類の境界（つまり，$p(Y = 1 \mid X = \boldsymbol{x}) = p(Y = -1 \mid X = \boldsymbol{x})$ となる境界）をベイズ決定境界と呼ぶこととします．

1.6.2 損失関数と正則化

X と Y に関する期待値を含む期待損失 (1.26) を最小化する分類器を求めることは実際には非常に難しいです．そこで，手持ちの訓練集合によって期待値を近似した以下の**経験損失**（**empirical loss**）を考えます．

$$\frac{1}{n} \sum_{i \in [n]} \ell(y_i, g(\boldsymbol{x}_i))$$

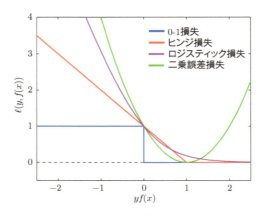

図 1.10 損失関数の比較.

この値は期待損失に比べて簡単に計算ができますので,分類器の精度を測る規準として実用的です.経験損失を最小化することで訓練集合をうまく分類する分類器を推定することができます.SV 分類のように決定関数 $f(\bm{x})$ による分類器を採用した場合,0-1 損失は決定関数を引数として以下のようにも表現できます.

$$\ell(y, f(\bm{x})) = \begin{cases} 1 & yf(\bm{x}) < 0 \text{ の場合} \\ 0 & \text{それ以外} \end{cases}$$

しかし,このような場合分けを含む最適化問題は離散最適化問題と呼ばれ,連続関数の最適化に比べ計算が困難です.そこで 0-1 損失の近似的な代理として,**ヒンジ損失**(**hinge loss**)と呼ばれる以下の損失関数を定義します.

$$\ell(y, f(\bm{x})) = \max\{0, 1 - yf(\bm{x})\} \tag{1.27}$$

図 1.10 にヒンジ損失と 0-1 損失の比較を示します[*10].ヒンジ損失は連続かつ凸な関数による 0-1 損失の近似だと考えることができ,そのような性質により最適化を考えるうえでは 0-1 損失よりもずっと扱いやすくなります.

決定関数を $f(\bm{x}) = \bm{w}^\top \bm{\phi}(\bm{x}) + b$ とすると,訓練集合に対してヒンジ損

[*10] 図中には後述する他の損失関数も描画されています.

1.6 SV 分類の性質

を最小化する最適化問題は以下のように定式化できます.

$$\min_{\boldsymbol{w},b} \sum_{i\in[n]} \max\{0, 1 - y_i(\boldsymbol{w}^\top \boldsymbol{\phi}(\boldsymbol{x}_i) + b)\} \tag{1.28}$$

内側の max は新たに変数 ξ_i を導入すると以下のように表現できます.

$$\max\{0, 1 - y_i(\boldsymbol{w}^\top \boldsymbol{\phi}(\boldsymbol{x}_i) + b)\} = \min_{\xi_i} \xi_i$$
$$\text{s.t. } \xi_i \geq 0,\ \xi_i \geq 1 - y_i(\boldsymbol{w}^\top \boldsymbol{\phi}(\boldsymbol{x}_i) + b)$$

この式の右辺の最適化問題では, ξ_i は 0 以上かつ $1 - y_i(\boldsymbol{w}^\top \boldsymbol{\phi}(\boldsymbol{x}_i) + b)$ 以上という条件のもと最小化されるため, 最小値では 0 と $1 - y_i(\boldsymbol{w}^\top \boldsymbol{\phi}(\boldsymbol{x}_i) + b)$ のどちらか大きい方と同じ値になり, 左辺に一致するというわけです. この形を使って整理し直すと最適化問題 (1.28) は以下の形に帰着されます.

$$\begin{aligned}\min_{\boldsymbol{w},b,\boldsymbol{\xi}} &\sum_{i\in[n]} \xi_i \\ \text{s.t. } &y_i(\boldsymbol{w}^\top \boldsymbol{\phi}(\boldsymbol{x}_i) + b) \geq 1 - \xi_i,\ i \in [n] \\ &\xi_i \geq 0,\ i \in [n]\end{aligned} \tag{1.29}$$

ある事例 i に誤分類が起きると $y_i(\boldsymbol{w}^\top \boldsymbol{\phi}(\boldsymbol{x}_i) + b) < 0$ となるため, $\xi_i > 1$ となります. そのため $\sum_{i\in[n]} \xi_i \leq K$ であるならば, 誤分類の数は K 以下になり, ヒンジ損失を最小化することでも訓練データをできるだけ分類するような決定境界が得られることがわかります.

ところが, 訓練集合の分類のみを追求することが必ずしも期待損失を小さくするとは限りません. **図 1.11** にベイズ決定境界（青破線）と, 訓練データの誤分類を最小化するように学習した分類境界（黒実線）を示します. 黒い実線の分類境界は訓練データを厳密に分類していますが, ベイズ決定境界とは大きく異なっており, 期待値の意味では最適な分類精度を達成しません. 一方, ベイズ決定境界は訓練データを厳密に分類してはいません. 学習アルゴリズムが訓練集合に過度に適合する現象は**過学習**（**over-fitting**）と呼ばれ, 未知データへの予測精度を下げる原因となります. この過学習を防ぐ方法として分類器に何らかの制限を加える方法が知られており, **正則化**（**regularization**）と呼ばれます. 正則化としてここでは決定関数のパラメータ $\boldsymbol{w}$ の L_2 ノルムが大きくなりすぎないように制限する方法を考えます. この

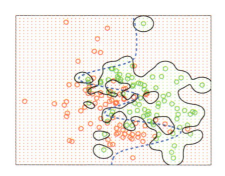

図 1.11 訓練データに過学習した分類境界（黒実線）とベイズ決定境界（青破線）の比較.

とき以下のような最適化問題が導かれます．

$$\min_{\boldsymbol{w},b,\boldsymbol{\xi}} \sum_{i\in[n]} \xi_i + \frac{\lambda}{2}\|\boldsymbol{w}\|^2$$
$$\text{s.t. } y_i(\boldsymbol{w}^\top \boldsymbol{\phi}(\boldsymbol{x}_i) + b) \geq 1 - \xi_i,\ i \in [n] \quad (1.30)$$
$$\xi_i \geq 0,\ i \in [n]$$

ただし，$\lambda > 0$ は**正則化係数**（**regularization parameter**）と呼ばれる定数で，この値によって分類器がどの程度制限されるかが決定されます．表記の都合上 λ を 2 で割った形を採用していますが，これはなくても構いません．正則化にはさまざまな方法がありますが，L_2 ノルムを用いる形は計算が簡単なうえに実用上高い精度を出すことも多く，非常に広く用いられています．このようにして導かれた最適化問題はソフトマージン SV 分類 (1.3) と等価であることがわかります．特に $\lambda = 1/C$ として，目的関数全体に C を掛けると，式 (1.3) とまったく同じ形が確認できます（この操作は最適解に影響を与えません）．

図 1.12 に λ の値を変えて学習した 3 通りの分類境界を示します．λ を大きくしていくほど正則化によって分類境界が制限され，滑らかになっているのが確認できます．どの程度分類境界を制限すべきかはデータによって異なるため，λ の値は交差検証誤差などの規準を用いて客観的に選択することが望ましいでしょう．実は，図 1.12 の分類境界は非線形 SV 分類の図 1.9 と同

1.6 SV 分類の性質

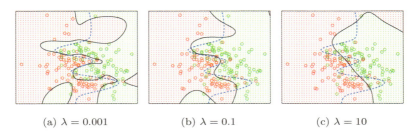

(a) $\lambda = 0.001$　　(b) $\lambda = 0.1$　　(c) $\lambda = 10$

図 1.12 正則化の度合いの異なる三つの分類境界．青い破線はベイズ決定境界を示しています．

じものです．C と逆数の関係である λ を小さくしていくとソフトマージンからハードマージンに近づくことで複雑な分類境界が得られていると解釈することもできます．

損失関数と正則化項の和を最小化する枠組みにおいてヒンジ損失を採用することで SV 分類が導かれることを確認しましたが，損失関数に異なる関数を用いた場合には異なる手法が導かれます．以下では，**二乗誤差損失**（**squared error loss**）と**ロジスティック損失**（**logistic loss**）を考えます．

$$\ell(y, f(\boldsymbol{x})) = (y - f(\boldsymbol{x}))^2$$
$$\ell(y, f(\boldsymbol{x})) = \log(1 + e^{-yf(\boldsymbol{x})})$$

図 1.10 に各損失関数のプロットを示します．二乗誤差損失は第 3 章で扱う回帰分析において古くから用いられてきた損失関数であり，y と決定関数 $f(\boldsymbol{x})$ の差の 2 乗を損失と捉えます．これによって $f(\boldsymbol{x})$ はなるべく与えられたラベル y に近い出力を返そうとするわけです．しかし，図 1.10 からわかるように $yf(\boldsymbol{x}) > 1$ であるような事例にも損失が発生することや，2 次関数であるために**外れ値**（**outlier**）から受ける影響が大きいといった問題点がしばしば指摘されます．ロジスティック損失は**ロジスティック回帰**（**logistic regression**）と呼ばれる統計学で古くから知られている手法に対応します．これは二項分布の負の対数尤度から導かれた損失関数ですので，確率的な解釈が明確であるという利点があります[*11]．これら二つの損失関数とヒンジ損失を比較すると，左側の裾での値の増加が他の損失関数に比べてヒンジ損

[*11] そのため，二項逸脱度損失と呼ぶこともあります．

失は小さくなっていることがわかります．このような性質は外れ値の影響を受けにくいという利点があります．また，右側の裾についてヒンジ損失は厳密に値が 0 になり，$yf(\boldsymbol{x}) \geq 1$ の条件を満たしている点については損失を与えないということも他の損失関数とは異なっています．サポートベクトルでない点が分類境界に影響しないのはこの性質に起因しており，他の二つの損失関数ではすべての訓練集合が分類境界に何らかの影響を持ちます．

1.6.3 条件付き確率推定

0-1 損失はベイズ分類器と関連づけることができましたが，最適化計算の簡便さからヒンジ損失などと置き換えてしまいました．各損失関数において期待損失 $\mathbb{E}_{X,Y}[\ell(Y, f(X))]$ を最小化する $f(\boldsymbol{x})$ を比較したのが**表 1.3** です．二乗誤差損失は条件付き確率の線形関数を，ロジスティック損失は条件付き確率の比を推定しているのがわかります．また，ヒンジ損失は条件付き確率を離散値に変換したものを推定しています．これらの期待損失を最小化する $f(\boldsymbol{x})$ はすべてベイズ分類器を実現します．ただし，これは期待値を最小化した場合の結果であり，実際の有限個の訓練集合ではそれぞれが実現する分類器は，1.6.2 項の最後に述べたような各損失関数の特徴が反映され異なるものになります．

条件付き確率 $p(Y \mid X)$ が得られればベイズ分類が実現できますので，より直接的に $p(Y \mid X)$ の確率密度関数を推定することで分類を考えることも可能です．その場合，**ベイズの定理（Bayes' theorem）**と呼ばれる有名な以下の式がよく用いられます．

$$p(Y \mid X) = \frac{p(X \mid Y)p(Y)}{p(X)}$$

分母は Y に依存しないため，観測された入力 $\boldsymbol{x}$ についてどのラベル y を割

表 1.3 損失関数と，期待損失の最小化によって得られる解．文献 [8] より引用．

損失関数	$\ell(y, f(\boldsymbol{x}))$	期待損失の最小化による解
二乗誤差損失	$(y - f(\boldsymbol{x}))^2$	$f(\boldsymbol{x}) = 2p(Y = 1 \mid X = \boldsymbol{x}) - 1$
ロジスティック損失	$\log(1 + e^{-yf(\boldsymbol{x})})$	$f(\boldsymbol{x}) = \log \frac{p(Y=1 \mid X=\boldsymbol{x})}{p(Y=-1 \mid X=\boldsymbol{x})}$
ヒンジ損失	$\max\{0, 1 - yf(\boldsymbol{x})\}$	$f(\boldsymbol{x}) = \text{sgn}(p(Y = 1 \mid X = \boldsymbol{x}) - \frac{1}{2})$

り振るべきか比較するためには $p(X = \boldsymbol{x} \mid Y)p(Y)$ を計算すればよいことがわかります．確率の基本公式により $p(X \mid Y)p(Y) = p(X, Y)$ であり，同時確率 $p(X, Y)$ はデータが生成される確率であるため，この確率密度関数を推定する方法は**生成モデル**（**generative model**）と呼ばれます．生成モデルには確率密度関数 $p(X, Y)$ をどのようにモデル化するかによってさまざまな手法が存在します．$p(Y)$ は X に依存しない Y の分布であり，単純には訓練データ中の各クラスの事例数から推定できます．つまり，正のクラスの事例数を n_+, 負のクラスの事例数を n_- とすると，$p(Y = 1) = n_+/n$ かつ $p(Y = -1) = n_-/n$ と推定できます．このとき，例えばそれぞれのクラスの $p(X \mid Y)$ に異なる平均と共通の共分散行列を持つ**正規分布**（**normal distribution**）を代入すると，**線形判別分析**（**linear discriminant analysis**）が導かれます[*12]．

このように多くの分類手法は何らかの方法でベイズ分類器を推定しようとしていると解釈できますが，手法によってそのアプローチが異なっていることがわかります．SV 分類の特徴は分類に必要な最小限のものを直接推定していることです．確率密度関数がわかればベイズ分類器を得ることが可能なわけですが，分類規則がわかっても確率密度関数を知ることはできません．その意味で確率密度関数の推定は分類問題より一般性のある問題だと考えられます．ある問題を解くときに，その問題より一般性のある問題を解いてはならないということを**ヴァプニックの原理**（**Vapnik's principle**）と呼びます．SV 分類は確率密度推定を避け，分類境界だけを直接求めることで，この原理を追求していると解釈することもできるでしょう．

[*12] 線形判別分析はクラス内分散最小化とクラス間分散最大化に基づく解釈も可能ですが，この解釈と比較すると SV 分類はクラス内の散らばりを（あえて）見ないで，マージンだけを最大化する点で異なっているとも考えられます．

Chapter 2

多クラス分類

本章では，SVM を用いてクラス数が三つ以上ある分類問題を扱う方法について考えます．このような分類問題を多クラス分類問題と呼びます．多クラス分類問題に対しては，通常の 2 クラス分類器を組み合わせる方法と，SVM の定式化自体を拡張する方法があります．

2.1 はじめに

2 クラスの分類問題では，各事例は正のクラスか負のクラスのどちらかに属していました．ここでは，各事例が 1 から c までの c 種類のクラスのいずれかに属する**多クラス分類問題**（**multi-class classification problem**）を考えます．このとき，ラベルは $y_i \in \{1, \ldots, c\}$ と表現できます．実際，多くの応用問題は $c > 2$ となる多クラス分類問題として定式化されます．表 2.1 は多クラス分類の応用例です．例えば，手書き数字の認識問題は数字 0〜9 に対応する $c = 10$ クラスの多クラス分類として定式化できます．

SVM で多クラス分類を実現する方法は大きく分けると 2 通りあります．一つ目の方法は複数の 2 クラス分類器を組み合わせる方法で，二つ目の方法は SVM の定式化を拡張する方法です．複数の 2 クラス分類器を組み合わせる場合，SVM 自体を変更することなく多クラス問題を取り扱うことができます．この種類の方法として，本章では以下の三つを紹介します．

表 2.1 多クラス分類問題の応用例.

分野	タスク例 (入力 / クラス)
画像	手書き数字認識 (画像 / 0 から 9 の数値)
自然言語処理	文書カテゴリ予測 (文書 / スポーツ, 科学など文書のカテゴリ)
生物学	タンパク質 2 次構造予測 (アミノ酸配列 / 2 次構造)

- 1 対他方式
- 1 対 1 方式
- 誤り訂正出力符号

これらは SVM 以外の分類手法でも利用可能な汎用的な方法です. 一方, 二つ目の SVM の定式化を拡張する方法では, 多クラスの分類器を一度に推定できるよう最適化問題を定義しなおします. これは, 多クラス問題をより直接的に扱おうとする考え方だと解釈できます.

2.2 1 対他方式

複数の 2 クラス分類器を組み合わせることで多クラス分類を実現する最も単純な方法が **1 対他方式** (**one-versus-rest**) です. この方法では, あるクラスに属する x と属さない x を分ける分類器を各クラスについて学習します. いま, k 番目のクラスに属する x_i を正のクラス, それ以外の x_i を負のクラスとみなして学習した 2 クラス SV 分類の決定関数を $f^k(x)$ と表記することとします. 1 対他方式では, $f^k(x)$ の最大値を選ぶことでクラス分類を行います. つまり, 入力 x に対する分類器の出力 $g(x)$ は次式で定義されます.

$$g(x) = \operatorname*{argmax}_{k \in [c]} f^k(x)$$

これは, 各決定関数の出力である $f^k(x)$ が大きいほど x がクラス k に属している確信度が強いという解釈のもとに導かれた分類規則です. この方法は 2 クラス分類器をクラスの数だけ学習するだけで実現できるため, 実装が容易であるという長所があります. 一方で問題点もあります. 異なる SV 分類

の決定関数の出力結果 $f^k(\boldsymbol{x})$ を大小比較することが適切かどうかは必ずしも明確ではありません[*1]．また，各クラスの分類器を学習する際に，クラスラベル数の非対称性に気をつけなければならない場合もあります．あるクラス k とその他のクラスを分ける $f^k(\boldsymbol{x})$ を学習する際に，クラス k の事例数がその他のクラスの合計事例数に対して非常に小さい場合には，$f^k(\boldsymbol{x})$ は負に偏りがちになる可能性があります．

2.3　1対1方式

あるクラスとその他すべてのクラスを分ける1対他方式に対して，異なるクラス間のペアに対する分類に基づく方法を **1対1方式**（**one-versus-one**）といいます．c 個のクラスに対して，クラス i とクラス j に属する事例のみを取り出して，その2クラスを分類する SV 分類を学習します．この分類器を $f^{ij}(\boldsymbol{x})$ と書くこととします．すべてのクラスのペアを考えると，このような分類器を $(c-1)c/2$ 個作成することができます[*2]．ある入力 $\boldsymbol{x}$ をどのクラスに分類するかは，$(c-1)c/2$ 個の分類器による投票（多数決）によって定めます．

$$f^{ij}(\boldsymbol{x}) \begin{cases} > 0 & i \text{ に投票} \\ < 0 & j \text{ に投票} \end{cases}$$

1対1方式では $(c-1)c/2$ 個の2クラス分類器を学習する必要があり，$c \geq 4$ の場合には，c 個の分類器を学習すればよい1対他方式より必要な分類器の数は多くなります．しかし，ペア個々の訓練データは c クラス中の2クラス分しか含まないため，1回の学習にかかる計算コストは少なくなります．

ペアに基づく多クラス分類には，単純な投票以外にもいくつかの方法が知られています．ここでは，非循環有向グラフによる方法とペアワイズカップリングと呼ばれる手法を紹介します．

[*1]　1.3.3 項で SV 分類の決定関数は条件付き確率そのものを推定しているわけではないことを確認しました．

[*2]　$f^{ij}(\boldsymbol{x})$ と $f^{ji}(\boldsymbol{x})$ は符号が逆になるだけで等価なことに注意してください．

2.3.1 非循環有向グラフによる方法

投票による方法では，ある x を分類するためにすべての $(c-1)c/2$ の決定関数を評価していました．**非循環有向グラフ**（**directed acyclic graph**）による方法では逐次的に 2 クラス分類を行っていくことで，より少ない決定関数の評価で多クラス分類を行うことができます．多クラス分類のための非循環有向グラフの例を図 2.1 に示します．グラフは頂点とそれらを結ぶ辺の集合から構成されており，この場合，辺には向き（矢印の向き）があるため「有向」であり，巡回する道筋がないため「非循環」と呼ばれます．非循環

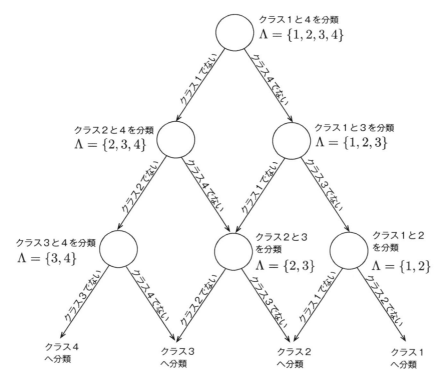

図 2.1 非循環有向グラフによる多クラス分類．図中，最上段から開始し，各頂点で Λ 内の最初のクラスとそれ以外の 2 クラス分類器の結果に応じて矢印の方向へと遷移します．文献 [9] より引用．

有向グラフには「根」という矢印が入ってこない頂点があり（図中最上段の頂点），そこを開始地点とし各頂点で2クラス分類器を評価し，その結果によって二つの矢印のうちどちらかの方向へ進んでいきます．この過程はクラスラベルを要素に持つ集合 Λ を使って管理することができます．図2.1の場合，最初に $\Lambda = \{1, 2, 3, 4\}$ と設定し，各頂点で選ばれなかったクラスを Λ から消去してくことで，最終的に選ばれたクラスのみが残っているのがわかります．各頂点に対応する分類器を準備するためには，$(c-1)c/2$ 回 SV 分類の学習を行う必要がありますが，新たな入力 $\boldsymbol{x}$ を分類するために出力を計算する必要のある分類器の数は少なくなります．集合 Λ がすべてのクラスを含んでさえいれば，グラフはどのような順で分岐しても構いません[*3]．また，投票による方法では同数票を獲得したクラスが複数現れると分類が不可能になりますが，非循環有向グラフによる方法ではそのような問題も起こりません．

2.3.2 ペアワイズカップリング

ペアワイズカップリング（**pairwise coupling**）は確率的な解釈に基づいて1対1（ペア）間の分類結果から多クラス分類規則を推定する手法です．多クラス分類においては，以下の条件付き確率が得られればベイズ分類器が実現できます．

$$p(Y = i \mid X = \boldsymbol{x}), \ i \in [c]$$

ところが，1対1方式において用いられる個々の分類器は「クラス i かクラス j に属する $\boldsymbol{x}$ が与えられている」という条件のもとで，i と j どちらのクラスに割り振るべきか考えていることになります．これは，条件付き確率としては以下のものに相当します．

$$p(Y = i \mid Y \in \{i, j\}, X = \boldsymbol{x})$$

そこで，ペア単位の推定結果 $p(Y = i \mid Y \in \{i, j\}, X = \boldsymbol{x})$ から，真に必要な条件付き確率 $p(Y = i \mid X = \boldsymbol{x})$ を推定しようというのがペアワイズカップリングと呼ばれる方法です．

しかし，SV分類の決定関数 $f(\boldsymbol{x})$ は条件付き確率を推定しているわけでは

[*3] ただし，予測精度に影響を与える可能性はあります．

ありませんでした[*4]．そこでまず，以下で定義される $\widehat{p}^{ij}(\boldsymbol{x})$ によって，クラス i と j のペアに対する決定関数 $f^{ij}(\boldsymbol{x})$ から条件付き確率 $p(Y=i \mid Y \in \{i,j\}, X=\boldsymbol{x})$ をモデル化することを考えます．

$$\widehat{p}^{ij}(\boldsymbol{x}) = \frac{1}{1+\exp\left(-Af^{ij}(\boldsymbol{x})+B\right)}$$

ただし，$A \in \mathbb{R}$ と $B \in \mathbb{R}$ はパラメータとします．パラメータは**最尤推定法**（**maximum likelihood estimation**）などに基づいて推定することができます．負の対数尤度の最小化は，例えば以下のように表現できます．

$$\min_{A,B} -\sum_{i' \in [n]} \left(I(y_{i'}=i)\log(\widehat{p}^{ij}_{i'}) + I(y_{i'}=j)\log(1-\widehat{p}^{ij}_{i'}) \right)$$

ただし，$\widehat{p}^{ij}_{i'} = \widehat{p}^{ij}(\boldsymbol{x}_{i'})$ であり，関数 I は引数が真のときに 1 をとり，そうでないときは 0 をとることとします．この最適化問題を解くにはニュートン法などの標準的な手法を適用できます．

上の手続きによって A と B を推定すれば，任意の $\boldsymbol{x}$ について $\widehat{p}^{ij}(\boldsymbol{x})$ を計算できます．次にこの $\widehat{p}^{ij}(\boldsymbol{x})$ から $p(Y=i \mid X=\boldsymbol{x})$ を推定することを考えます．以下の計算は特定の $\boldsymbol{x}$ を固定して行いますので，$\widehat{p}^{ij}(\boldsymbol{x})$ は $\boldsymbol{x}$ を省略して $\widehat{p}^{ij}$ と記述することとします．$p(Y=i \mid X=\boldsymbol{x})$ を p^i とし，$p(Y=i \mid Y \in \{i,j\}, X=\boldsymbol{x})$ を p^{ij} とすると，確率の基本的な性質より以下の関係式が成り立ちます．

$$p^{ij} = \frac{p^i}{p^i+p^j}$$

$\widehat{p}^{ij}$ は p^{ij} の近似値ですので，$\widehat{p}^{ij}$ と上式の右辺がなるべく近くなるように p^i を推定することを考えます．二つの確率密度関数の違いを測る指標として，**カルバック・ライブラー・ダイバージェンス**（**Kullback-Leibler divergence**）（以下 **KL ダイバージェンス**）と呼ばれる規準がよく用いられます．この規準は常に非負の値をとり，与えられた 2 つの確率密度関数が同一の場合に 0 になります[*5]．ここでは，各クラスペアの事例数で重みづけした KL ダイバージェンスの和を規準として定義します．

[*4] SV 分類と条件付き確率の関係については 1.6.3 項を参照してください．
[*5] KL ダイバージェンスの一般的な定義については，例えば文献 [3] を参照してください．

$$\sum_{i \neq j}(n_i+n_j)\mathrm{KL}(\widehat{p}^{ij}||p^{ij})$$
$$=\sum_{i \neq j}(n_i+n_j)\left(\widehat{p}^{ij}\log\frac{\widehat{p}^{ij}}{p^{ij}}+(1-\widehat{p}^{ij})\log\frac{(1-\widehat{p}^{ij})}{(1-p^{ij})}\right)$$

ただし，n_i はクラス i の事例数，$\mathrm{KL}(\widehat{p}^{ij}||p^{ij})$ を $\widehat{p}^{ij}$ と p^{ij} 間の KL ダイバージェンスとします．各 p^{ij} が $\{p^i\}_{i \in [c]}$ の関数になっていることに注意してください．この規準を確率としての制約 $\sum_{i \in [c]} p^i = 1$ と $p^i \geq 0$ を考慮しつつ $\{p^i\}_{i \in [c]}$ について最小化することで条件付き確率 $p^i = p(Y=i \mid X=\boldsymbol{x})$ の推定値を得ることができます[23]．

2.4　誤り訂正出力符号

誤り訂正符号（**error correcting code**）は伝送された信号に含まれた誤りを除去するための仕組みですが，この仕組みに基づいて多クラス分類問題を考える**誤り訂正出力符号**（**error correcting output code**）という方法によって，1対他方式や1対1方式を含むより一般的な枠組みを与えることができます．

2.4.1　クラスラベルの符号化による多クラス分類

まず各クラスそれぞれに符号語と呼ばれる異なる数値列が割り当てられているとします．ここでは1か-1の値をとる長さ m の符号語を考えることにします．クラス数 c に対してそれぞれ符号長 m の符号語を作成すると，それらを並べることで $c \times m$ の符号化行列と呼ばれる行列 S が得られます．0〜9までの手書き数字の認識問題を例として考えてみます．この $c=10$ クラスの多クラス分類問題に対する符号化行列 S の例を**表 2.2** に示します．この例では各数字が持つ形状的な特徴によって符号を割り振っています．符号化行列のある1つの列に着目すると各クラスに1か-1が割り当てられているので，これを2クラス分類のラベル y_i としてみなします．そのようにすると符号化行列の各列に対応する m 個の2クラス分類器を学習することができます．ある入力 $\boldsymbol{x}$ に対するこの m 個の決定関数を $f^1(\boldsymbol{x}), \ldots, f^m(\boldsymbol{x})$ として，これが S のどの行（どのクラスの符号語）に近いかで割り当てるクラ

表 2.2 数字認識問題に対する符号化行列の例（符号長 $m=7$）．文献 [10] より改変．ここでは数字が各形状を含む場合に 1，含まない場合に -1 としています．

クラス (数字)	縦線	横線	斜線	一つの閉じた曲線	二つの閉じた曲線	左に開いた曲線	右に開いた曲線
0	-1	-1	-1	1	-1	-1	-1
1	1	-1	-1	-1	-1	-1	-1
2	-1	1	1	-1	-1	1	-1
3	-1	-1	-1	-1	-1	1	-1
4	1	1	-1	-1	-1	-1	-1
5	1	1	-1	-1	-1	1	-1
6	-1	-1	1	1	-1	-1	1
7	-1	-1	1	-1	-1	-1	-1
8	-1	-1	-1	1	1	-1	-1
9	-1	-1	1	1	-1	-1	-1

スを決定します．誤り訂正符号において「近さ」の規準としてよく用いられるハミング距離に対応するものを考えると，以下のような分類規則が得られます．

$$g(\boldsymbol{x}) = \underset{k\in[c]}{\operatorname{argmin}} \sum_{i\in[m]} \left(1 - \operatorname{sgn}(S_{ki} f^i(\boldsymbol{x}))\right)$$

ここで，S_{ki} は符号化行列の k 行 i 列の要素，関数 $\operatorname{sgn}(z)$ は $z>0$ なら 1，$z<0$ なら -1，$z=0$ なら 0 を返すとします．この関数はある k に対して，S_{ki} と $f^i(\boldsymbol{x})$ の符号が同じである i が多いほど小さくなります．

この方法がなぜ誤り訂正出力符号と呼ばれるのか考えてみましょう．上で定めた分類規則を適用した場合，m 個の分類結果が符号語とまったく同じになっていなくても構わないことに注意してください．つまり，ハミング距離を測ったときに正解クラスに対応する符号語が最も近くでありさえすればよいのです．実際に，どの程度の誤りが許されるのかは符号語同士のハミング距離の最小値によって評価することができます．この値が大きいほど異なるクラスに対応する符号語同士の距離が離れるため，多くの誤りを訂正することができるというわけです．

誤り訂正出力符号による方法は 1 対他方式や 1 対 1 方式を特殊な場合として含む一般的な枠組みです．例えば，**表 2.3** は 4 クラスの問題において 1 対

表 2.3 1 対他方式を表現する符号化行列.

クラス	符号語			
1	1	−1	−1	−1
2	−1	1	−1	−1
3	−1	−1	1	−1
4	−1	−1	−1	1

表 2.4 1 対 1 方式を表現する符号化行列.

クラス	符号語					
1	1	1	1	0	0	0
2	−1	0	0	1	1	0
3	0	−1	0	−1	0	1
4	0	0	−1	0	−1	−1

他方式を表現する符号化行列です(ただし,この場合は誤り訂正の機能はありません).さらに,符号化行列の要素として $-1, 0, 1$ の 3 種類が存在する場合を考えてみます.分類器の学習には 1 と -1 が割り振られたクラスのみを使い,0 が割り振られたクラスは用いません.この表記法を用いると 1 対 1 方式を表 2.4 のように表現することができます.表の各列を見ると,それぞれが特定のクラスのペアに対する 2 クラス分類問題に対応していることがわかります.

符号語を設定する際,誤り訂正を機能させるためには符号化行列の各行,各列のそれぞれが十分異なっている必要があることに注意しなければなりません.まず各行間,つまり符号語同士が十分異なっていることが誤り訂正に必要であることはすでに述べました.一方,仮に S のある二つの列 i, j がまったく同一だったとするとそれぞれの決定関数 f^i と f^j が同じになってしまうため意味がありません.誤り訂正が機能するためには異なる列に対応する分類誤りの相関が強すぎない必要があります.

2.4.2 ペアワイズカップリングとの併用

ペアワイズカップリングの考え方を誤り訂正出力符号においても利用することができます.符号化行列の i 列において 1 が割り振られているクラスの集合を I_i^+,-1 が割り振られているクラスを I_i^- と表記し,その和集合を

$I_i = I_i^+ \cup I_i^-$ とします*6. このとき, i 列に対応する 2 クラス分類は以下の条件付き確率に対応します.

$$p(Y \in I_i^+ \mid Y \in I_i, X = \boldsymbol{x})$$

各 2 クラス分類器から得られたこの条件付き確率の推定値を $\widehat{p}^{I_i^+}$ と表記することとします. この $\widehat{p}^{I_i^+}$ を使って, 分類に必要な条件付き確率 $p(Y = i \mid X = \boldsymbol{x})$ の推定を行うことで, 誤り訂正出力符号とペアワイズカップリングを組み合わせた枠組みとなります. $p(Y \in I_i^+ \mid Y \in I_i, X = \boldsymbol{x})$ を $p^{I_i^+}$, $p(Y = i \mid X = \boldsymbol{x})$ を p^i とすると確率の基本的な性質から以下の関係性が成立します.

$$p^{I_i^+} = \frac{\sum_{j \in I_i^+} p^j}{\sum_{j \in I_i} p^j}$$

$\widehat{p}^{I_i^+}$ は $p^{I_i^+}$ の推定値ですので, 上式の右辺が $\widehat{p}^{I_i^+}$ に近くなるように p^i を推定することを考えます. 再び重み付きの KL ダイバージェンスの和を考えることで以下の式が得られます.

$$\sum_{i \in [m]} n_i \mathrm{KL}(\widehat{p}^{I_i^+} \| p^{I_i^+}) = \sum_i n_i \left(\widehat{p}^{I_i^+} \log \frac{\widehat{p}^{I_i^+}}{p^{I_i^+}} + (1 - \widehat{p}^{I_i^+}) \log \frac{(1 - \widehat{p}^{I_i^+})}{(1 - p^{I_i^+})} \right)$$

ただし, n_i は I_i に含まれるラベルを持つ事例数だとします. この式を確率としての制約 $\sum_{i \in [c]} p^i = 1$ と $p^i \geq 0$ を考慮しつつ $\{p^i\}_{i \in [c]}$ について最小化することで, $p(Y = i \mid X = \boldsymbol{x})$ の推定を行うことができます.

2.5　多クラス問題の同時定式化

これまで多クラス分類の方法として 2 クラス分類器に基づくものについて述べてきました. これは SV 分類以外の分類器でも適用が可能な汎用手法です. ここでは SV 分類の定式化そのものを多クラスに拡張する方法について紹介します[11,12].

訓練データを $\{(\boldsymbol{x}_i, y_i)\}_{i \in [n]}$ とし, c クラスのラベルが $y_i \in [c]$ と表現されているとします. 分類器として, c 個の決定関数の最大値をとってラベル

---

*6　符号語が 0 を含まず 1 と -1 のみであれば $I = [c]$ となります.

を推定する以下の関数を用います．

$$g(\boldsymbol{x}) = \underset{k \in [c]}{\operatorname{argmax}} \boldsymbol{w}^{k\top}\boldsymbol{\phi}(\boldsymbol{x}) + b^k$$

ただし，$\boldsymbol{w}^k \in \mathbb{R}^p$, $b^k \in \mathbb{R}$ は各クラスに対応する決定関数のパラメータとします．この規則によって分類器がある事例 $(\boldsymbol{x}_i, y_i)$ を正しく分類するには以下の条件が成立していなければなりません．

$$\boldsymbol{w}^{y_i\top}\boldsymbol{\phi}(\boldsymbol{x}_i) + b^{y_i} \geq \boldsymbol{w}^{k\top}\boldsymbol{\phi}(\boldsymbol{x}_i) + b^k + 1, \ k \neq y_i$$

2 クラス SV 分類のソフトマージン同様に変数 ξ を導入してこの条件を緩和すると，以下の最適化問題が定義できます．

$$\min_{\{\boldsymbol{w}^k, b^k, \boldsymbol{\xi}^k\}_{k \in [c]}} \frac{1}{2}\sum_{k \in [c]}\|\boldsymbol{w}^k\|^2 + C\sum_{i \in [n]}\sum_{k \neq y_i} \xi_i^k$$
$$\text{s.t.} \ \boldsymbol{w}^{y_i\top}\boldsymbol{\phi}(\boldsymbol{x}_i) + b^{y_i} \geq \boldsymbol{w}^{k\top}\boldsymbol{\phi}(\boldsymbol{x}_i) + b^k + 1 - \xi_i^k, \ k \neq y_i, i \in [n]$$
$$\xi_i^k \geq 0, \ k \neq y_i, \ i \in [n]$$

この定式化も標準的な SV 分類と同じく凸 2 次最適化問題であり，双対問題を導くことでカーネルを利用することや，スパースな解を得ることができます．

非負の双対変数 α_{ik} と μ_{ik} を導入すると，ラグランジュ関数は以下のように記述できます．

$$\begin{aligned}L =& \frac{1}{2}\sum_{k \in [c]}\|\boldsymbol{w}^k\|^2 + C\sum_{i \in [n]}\sum_{k \neq y_i}\xi_i^k \\ &- \sum_{i \in [n]}\sum_{k \neq y_i}\alpha_{ik}\left(\boldsymbol{w}^{y_i\top}\boldsymbol{\phi}(\boldsymbol{x}_i) + b^{y_i} - \boldsymbol{w}^{k\top}\boldsymbol{\phi}(\boldsymbol{x}_i) - b^k - 1 + \xi_i^k\right) \\ &- \sum_{i \in [n]}\sum_{k \neq y_i}\mu_{ik}\xi_i^k\end{aligned}$$

表記を簡単にするために以下の変数 $\tilde{\alpha}_{ik}$ を新たに導入することにします．

$$\tilde{\alpha}_{ik} = \begin{cases} \sum_{j \neq y_i} \alpha_{ij} & k = y_i \text{の場合} \\ -\alpha_{ij} & \text{その他の場合} \end{cases}$$

$\tilde{\alpha}_{ik}$ を使ってラグランジュ関数を整理すると以下を得ます．

2.5 多クラス問題の同時定式化

$$L = \frac{1}{2}\sum_{k\in[c]}\|\boldsymbol{w}^k\|^2 - \sum_{i\in[n]}\sum_{k\in[c]}\tilde{\alpha}_{ik}\left(\boldsymbol{w}^{k\top}\boldsymbol{\phi}(\boldsymbol{x}_i)+b^k\right)$$
$$+ \sum_{i=[n]}\sum_{k\neq y_i}\alpha_{ik} - \sum_{i\in[n]}\sum_{k\neq y_i}(\alpha_{ij}+\mu_{ik}-C)\xi_i^k$$

主変数に関する微分を 0 とすることで以下の条件式を得ます.

$$\frac{\partial L}{\partial \boldsymbol{w}^k} = \boldsymbol{w}^k - \sum_{i\in[n]}\tilde{\alpha}_{ik}\boldsymbol{\phi}(\boldsymbol{x}_i) = \boldsymbol{0}$$

$$\frac{\partial L}{\partial b^k} = \sum_{i\in[n]}\tilde{\alpha}_{ik} = 0$$

$$\frac{\partial L}{\partial \xi_i^k} = \alpha_{ij}+\mu_{ik}-C = 0, \ k\neq y_i, \ i\in[n]$$

以上を代入し整理すると双対問題を導出することができます.

$$\max_{\boldsymbol{\alpha}} \sum_{i\in[n]}\sum_{k\neq y_i}\alpha_{ik} - \frac{1}{2}\sum_{i,j\in[n]}\sum_{k\in[c]}\tilde{\alpha}_{ik}\tilde{\alpha}_{jk}K(\boldsymbol{x}_i,\boldsymbol{x}_j)$$
$$\text{s.t.} \sum_{i\in[n]}\tilde{\alpha}_{ik} = 0, \ k\neq y_i, \ i\in[n]$$
$$0 \leq \alpha_{ik} \leq C, \ k\neq y_i, \ i\in[n]$$

また,決定関数は以下のように表現されます.

$$\boldsymbol{w}^{k\top}\boldsymbol{\phi}(\boldsymbol{x})+b^k = \sum_{i\in[n]}\tilde{\alpha}_{ik}K(\boldsymbol{x}_i,\boldsymbol{x})+b^k$$

複数の 2 クラス分類器を組み合わせる方法に比べて,多クラス問題をより直接的に最適化問題として定式化していると解釈できます.ただし,この定式化は変数の数が増えるため,計算に時間がかかりやすくなります.双対問題の場合,双対変数 α_{ik} は $n(c-1)$ 個あるため特に c が大きい場合には注意が必要です.

Chapter 3

回帰分析

第1章と第2章では分類問題を学びました．本章では分類問題のために導入されたSVMの特徴を回帰分析に利用したサポートベクトル回帰と呼ばれる方法を学びます．本章では，特に，最小二乗法など伝統的な回帰分析手法とサポートベクトル回帰がどのような点で異なっているのかを中心に解説します．また，サポートベクトル回帰と同様な考え方で理解できる分位点回帰分析についても学びます．

3.1 回帰問題

回帰問題とは出力が実数値となっている問題です．例えば，金融商品の価格を予測する，新薬を服用した人の血圧を予測するといった問題は，価格や血圧が実数で表されるため，回帰問題として定式化されます．図3.1に回帰分析の例を示します[8]．図3.1の各点は485人の骨密度の変化量が年齢に応じてどのように変化するかを表しています．横軸は年齢を，縦軸は骨密度変化量です．赤い曲線はのちほど紹介する**サポートベクトル回帰分析（support vector regression analysis）**（以下 **SV回帰**）によって得られたものです．この曲線により年齢の変化に応じて骨密度変化量がどのように変わるかを知ることができます．回帰問題のデータは $\{(\boldsymbol{x}_i, y_i)\}_{i \in [n]}, \boldsymbol{x}_i \in \mathbb{R}^d,$

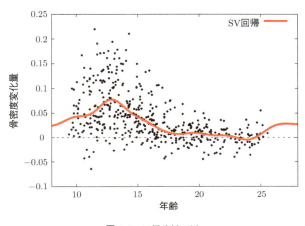

図 3.1 回帰分析の例.

$y_i \in \mathbb{R}$ と表されます[*1].入力 $\bm{x}_i \in \mathbb{R}^d$ は分類問題と同様に d 次元ベクトルとしますが,出力 $y_i \in \mathbb{R}$ が実数値であるところが異なっています.

SV 回帰を用いると非線形なモデルに基づく予測ができますが,まずは,以下のような線形な回帰関数に基づいて SV 回帰を説明します[*2].

$$f(\bm{x}) = \bm{w}^\top \bm{x} + b$$

ここで,$\bm{w} \in \mathbb{R}^d$ は係数ベクトル,$b \in \mathbb{R}$ はバイアスです.

回帰問題において最もよく用いられる方法は**最小二乗法(least square method)**です.次節では,SV 回帰の説明に入る前に最小二乗法について簡単に説明します.SV 回帰の特徴を理解するためには,最小二乗法など他の方法との違いを明確にしておくことが重要です.

3.2　最小二乗法と最小絶対誤差法による回帰

最小二乗法では,実際の出力値 y_i とモデルの予測値

[*1] SV 回帰でも SV 分類と同様にベクトル表現されていない入力(文字列,グラフなど)も扱うことができますが,本章では説明を簡潔にするため入力 $\bm{x}$ を d 次元ベクトルとして扱います.

[*2] 非線形モデルへの拡張については 3.4 節を参照してください.

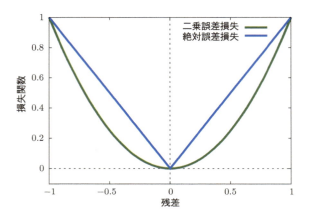

図 3.2 最小二乗法と最小絶対誤差法の損失関数.

$$f(\bm{x}_i) = \bm{w}^\top \bm{x}_i + b$$

の二乗誤差の和が最小となるようにモデルパラメータ $\bm{w}$ と b を決定します．すなわち，最小二乗法は以下の最小化問題として定式化されます．

$$(\bm{w}, b) = \operatorname*{argmin}_{\bm{w}, b} \sum_{i \in [n]} (y_i - (\bm{w}^\top \bm{x}_i + b))^2$$

最小二乗法における二乗誤差を絶対誤差に置き換えたものを**最小絶対誤差法**（**least absolute error method**）といいます．最小絶対誤差法では実際の出力値とモデルの予測値の絶対誤差の和を最小とするため，以下のように定式化されます．

$$(\bm{w}, b) = \operatorname*{argmin}_{\bm{w}, b} \sum_{i \in [n]} |y_i - (\bm{w}^\top \bm{x}_i + b)|$$

図 3.2 に最小二乗法と最小絶対誤差法の**損失関数**（**loss function**）を示します．回帰分析の損失関数は残差 $r_i = y_i - f(\bm{x}_i)$ に対して定義されます．図 3.2 は，残差を横軸に，損失関数を縦軸にプロットしたものです．緑色が最小二乗法の損失関数，青色が最小絶対誤差法の損失関数です．最小二乗法では残差の絶対値に対して 2 次的に増加する損失を用い，最小絶対誤差法では残差の絶対値に対して線形的に増加する損失を用いています．

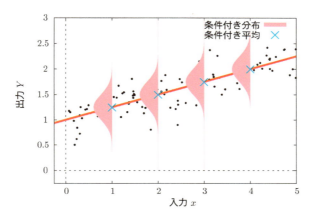

図 3.3 回帰分析と条件付き分布の関係.

データの発生源が以下のような確率モデルであるとみなすとさまざまな回帰分析法の特徴を理解しやすくなります.

$$Y = f(\boldsymbol{x}) + Z = \boldsymbol{w}^\top \boldsymbol{x} + b + Z \tag{3.1}$$

ここでは,出力 Y を確率変数とみなし,入力 $\boldsymbol{x}$ を確定変数とみなしています[*3]. また,$Z \in \mathbb{R}$ はノイズを表す確率変数を表し,ここでは入力 $\boldsymbol{x}$ に依存せず,期待値は $\mathbb{E}[Z] = 0$ とします. このような確率モデルのもと,回帰分析の目的は条件付き確率 $p(Y \mid \boldsymbol{x})$ に関して何らかの予測を行うことと理解できます[*4]. **図 3.3** に回帰分析と条件付き確率の関係についての例を示します. 100 個の黒い点は以下のようなデータ発生源から得られたものです.

$$Y = 0.25x + 1 + Z, \ Z \sim N(0, 0.5^2)$$

ただし,$N(\mu, \sigma^2)$ は平均 μ,分散 σ^2 の正規分布を表しています. 図 3.3 の赤い直線は $Y = 0.25x + 1$ を表し,$x = 1, 2, 3, 4$ における条件付き確率 $p(Y \mid x=1), p(Y \mid x=2), p(Y \mid x=3), p(Y \mid x=4)$ がプロットされています.

[*3] 入力 $\boldsymbol{x}$ も確率変数とみなして議論することも可能ですが,$\boldsymbol{x}$ を確定変数とみなした方が解析が簡単になります.

[*4] Y が連続変数の場合は条件付き確率密度を意味するものとします.

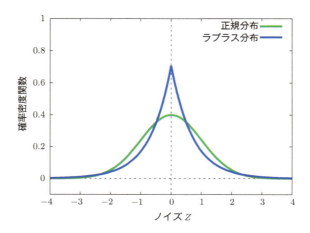

図 3.4 正規分布とラプラス分布の確率密度関数.

以下に，最小二乗法と最小絶対誤差法の特徴を簡単に整理しておきます．

- 最小二乗法の解は線形方程式を解くことにより解析的に求めることができます．一方，最小絶対誤差法は線形計画問題として定式化されるため，何らかの繰り返しアルゴリズムを用いて解く必要があります．
- ノイズ項 Z が正規分布のとき最小二乗法は最尤推定法と一致します．同様に，ノイズ項がラプラス分布のとき最小絶対誤差法は最尤推定法と一致します．**図 3.4** に正規分布とラプラス分布の確率密度関数を示します．
- 最小二乗法は条件付き分布 $p(Y\,|\,\boldsymbol{x})$ の平均，すなわち，条件付き平均 $\mathbb{E}(Y\,|\,\boldsymbol{x})$ の推定量です．一方，最小絶対誤差法は条件付き中央値 $\mathrm{Med}(Y\,|\,\boldsymbol{x})$ の推定量です．図 3.3 には，$x = 1, 2, 3, 4$ における条件付き平均（この場合は条件付き中央値も一致）が × 印で示されています．
- 確率モデル (3.1) から発生する確率が極端に小さいデータを**異常値**（**anomaly**）や**外れ値**（**outlier**）と呼びます．最小二乗法は異常値の影響を受けやすく，最小絶対誤差法は異常値に対して**頑健**（**ロバスト**）（**robust**）なものとなっています．

以上の特徴に関する詳しい説明は他書（例えば，文献 [1,8] など）を参考にし

てください.以下では本章の主題である SV 回帰を紹介しますが,3.5.2 項にて,SV 回帰が最小二乗回帰や最小絶対誤差回帰とどのような観点で異なっているのかを説明します.

3.3 SV 回帰の定式化

本節では SV 回帰を定式化し,主問題と双対問題を導出します.

3.3.1 SV 回帰の損失関数

回帰問題のための SVM は**図 3.5** の損失関数(赤色)を最小化する問題として定式化されます.残差の絶対値が ε 以下のとき,すなわち,$|y_i - f(\bm{x}_i)| \leq \varepsilon$ のとき損失は 0 であり,$|y_i - f(\bm{x}_i)|$ が ε より大きくなるにつれて線形に損失が増えていきます.ここで使われているパラメータ $\varepsilon \geq 0$ は不感度パラメータと呼ばれるハイパーパラメータです.不感度パラメータを $\varepsilon = 0$ とすると最小絶対誤差回帰分析と一致することがわかります.

図 3.5 の損失関数は以下のように定式化されます.

$$\ell_\varepsilon(y, f(\bm{x})) = \max\{0, |y - f(\bm{x})| - \varepsilon\} \tag{3.2}$$

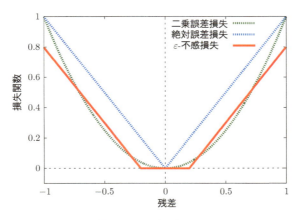

図 3.5 ε-不感損失関数.

この損失関数は ε-**不感損失関数**(ε-**insensitive loss function**)と呼ばれています.第 1 章の SV 分類ではマージンが 1 以上のデータの損失は 0 としていました.ε-不感損失関数では,出力の実測値と予測値の差が ε 以内であるデータの損失は 0 であり,SV 分類の考え方を回帰問題に適用したものと解釈できます.

SV 回帰は以下の最適化問題として定式化されます.

$$(\boldsymbol{w}, b) = \operatorname*{argmin}_{\boldsymbol{w}, b} \frac{1}{2}\|\boldsymbol{w}\|^2 + C \sum_{i \in [n]} \max\{|y_i - (\boldsymbol{w}^\top \boldsymbol{x}_i + b)| - \varepsilon, 0\} \quad (3.3)$$

ここで,第 1 項の $\frac{1}{2}\|\boldsymbol{w}\|^2$ は SV 分類と同様の正則化項です.第 2 項の係数 $C > 0$ は正則化項と損失項のバランスをとるためのハイパーパラメータで**正則化パラメータ**(**regularization parameter**)と呼ばれています.SV 回帰は不感度パラメータ $\varepsilon > 0$ と正則化パラメータ $C > 0$ の 2 つのハイパーパラメータを有する問題となっています.通常,これらのハイパーパラメータは交差検証法などによって決定します.

3.3.2 SV 回帰の主問題

SV 回帰の最適化問題 (3.3) をどのように解けばよいのか説明します.式 (3.3) の最適化問題を解くには,SV 分類の場合と同様に,主問題と双対問題の 2 つのアプローチがあります.本項で主問題によるアプローチを説明し,次項で双対問題によるアプローチを紹介します.

式 (3.2) の絶対値を場合分けすると,以下のように書き直すことができます.

$$\begin{aligned}\ell_\varepsilon(y, f(\boldsymbol{x})) &= \max\{-(y - (\boldsymbol{w}^\top \boldsymbol{x} + b)) - \varepsilon, 0\} \\ &+ \max\{(y - (\boldsymbol{w}^\top \boldsymbol{x} + b)) - \varepsilon, 0\}\end{aligned} \quad (3.4)$$

複数の線形関数の最大値を最小化する問題は補助的な変数[*5]を導入することで,制約付き最適化問題として定式化できることが知られています.式 (3.4) の 2 つの max のために,スラック変数 $\{\xi_i^-\}_{i \in [n]}$ と $\{\xi_i^+\}_{i \in [n]}$ を導入します.すると,SV 回帰の最適化問題 (3.3) は以下のように定式化しなおすことができます.

[*5] 最適化の分野ではスラック変数と呼ばれます.

$$
\begin{aligned}
(\boldsymbol{w},b) = \operatorname*{argmin}_{\boldsymbol{w},b,\{\xi_i\}_{i\in[n]}} \quad & \frac{1}{2}\|\boldsymbol{w}\|^2 + C\sum_{i\in[n]}(\xi_i^- + \xi_i^+) \\
\text{s.t.} \quad & \xi_i^- \geq -(y-(\boldsymbol{w}^\top\boldsymbol{x}+b))-\varepsilon, \xi_i^- \geq 0, i\in[n] \\
& \xi_i^+ \geq (y-(\boldsymbol{w}^\top\boldsymbol{x}+b))-\varepsilon, \xi_i^+ \geq 0, i\in[n]
\end{aligned} \quad (3.5)
$$

この最適化問題は SV 回帰の**主問題**(**primal problem**)と呼ばれます.主問題では,もとの $\boldsymbol{w}$ と b に加え,$\boldsymbol{\xi}^- = [\xi_1^-, \ldots \xi_n^-]^\top \in \mathbb{R}_+^n$, $\boldsymbol{\xi}^+ = [\xi_1^+, \ldots \xi_n^+]^\top \in \mathbb{R}_+^n$ が未知変数となっています.式 (3.5) の最適化問題は目的関数が未知変数に関する 2 次関数,制約条件が未知変数に関する線形関数となっています.このような問題は**二次計画問題**(**quadratic programming problem**)と呼ばれています.第 6 章で学ぶ内点法などの二次計画問題の汎用的なソルバーを使えば,最適化問題 (3.5) を解くことができます.また,大規模な問題においては SV 回帰に特化したアルゴリズムを使うことで大幅に計算コストを減らすことができます.

3.3.3　SV 回帰の双対問題

分類問題と同様に,SV 回帰においても通常は双対問題を解きます.本項では,SV 回帰の双対問題を導出しますが,理論に深く立ち入らず導出過程のみを説明します.詳しくは第 6 章 を参照してください.

双対問題を導出するために以下のラグランジュ関数を導入します.

$$
\begin{aligned}
L(\boldsymbol{w},b,\boldsymbol{\xi}^-\boldsymbol{\xi}^+,\boldsymbol{\alpha}^-,\boldsymbol{\eta}^-\boldsymbol{\alpha}^+,\boldsymbol{\eta}^+) = & \frac{1}{2}\|\boldsymbol{w}\|^2 + C\sum_{i\in[n]}\xi_i \\
& - \sum_{i\in[n]}\alpha_i^-(\xi_i + y_i - b - \boldsymbol{w}^\top\boldsymbol{x}_i + \varepsilon) - \sum_{i\in[n]}\eta_i^-\xi_i^- \\
& - \sum_{i\in[n]}\alpha_i^+(\xi_i - y_i + b + \boldsymbol{w}^\top\boldsymbol{x}_i + \varepsilon) - \sum_{i\in[n]}\eta_i^+\xi_i^+
\end{aligned}
$$

ここで,$\boldsymbol{\alpha}^- = [\alpha_1^-, \ldots, \alpha_n^-]^\top \in \mathbb{R}_+^n$, $\boldsymbol{\eta}^- = [\eta_1^-, \ldots, \eta_n^-]^\top \in \mathbb{R}_+^n$, $\boldsymbol{\alpha}^+ = [\alpha_1^+, \ldots, \alpha_n^+]^\top \in \mathbb{R}_+^n$, $\boldsymbol{\eta}^+ = [\eta_1^+, \ldots, \eta_n^+]^\top \in \mathbb{R}_+^n$ は式 (3.5) の 4 種類の制約条件に対応する変数で非負の値をとります.もとの主問題の変数 $\boldsymbol{w},b,\boldsymbol{\xi}^-,\boldsymbol{\xi}^+$ を主変数と呼び,$\boldsymbol{\alpha}^-,\boldsymbol{\eta}^-,\boldsymbol{\alpha}^+,\boldsymbol{\eta}^+$ を双対変数と呼びます.ラグランジュ関数は主変数と双対変数に関する関数となっていますが,主変数

に関して最小化し，双対変数に関して最大化したものが最適解であることが知られています．すなわち，最適解は鞍点となっていて，最適な主変数と双対変数は以下のような max-min 問題を解くことにより得られます．

$$\max_{\boldsymbol{\alpha}^-\geq 0,\boldsymbol{\eta}^-\geq 0,\boldsymbol{\alpha}^+\geq 0,\boldsymbol{\eta}^+\geq 0} \min_{\boldsymbol{w},b,\boldsymbol{\xi}^-,\boldsymbol{\xi}^+} L(\boldsymbol{w},b,\boldsymbol{\xi}^-,\boldsymbol{\xi}^+,\boldsymbol{\alpha}^-,\boldsymbol{\eta}^-,\boldsymbol{\alpha}^+,\boldsymbol{\eta}^+) \quad (3.6)$$

双対問題は双対変数に関する最適化問題です．式 (3.6) の max-min 問題のうち，主変数に関する最小化を行って主変数を削除してしまうことで双対問題が得られます．ラグランジュ関数は主変数に関して微分可能なので，主変数に関する最小化は，以下のようにラグランジュ関数を各主変数で偏微分して 0 とすることで行うことができます．この性質を整理すると以下のような関係が導かれます．

$$\frac{\partial L}{\partial \boldsymbol{w}} = \boldsymbol{0} \Leftrightarrow \boldsymbol{w} = \sum_{i\in[n]}(\alpha_i^+ - \alpha_i^-)\boldsymbol{x}_i \quad (3.7)$$

$$\frac{\partial L}{\partial b} = 0 \Leftrightarrow \sum_{i\in[n]}(\alpha_i^+ - \alpha_i^-) = 0 \quad (3.8)$$

$$\frac{\partial L}{\partial \xi_i^-} = 0 \Leftrightarrow C - \alpha_i^- - \eta_i^- = 0,\ i \in [n] \quad (3.9)$$

$$\frac{\partial L}{\partial \xi_i^+} = 0 \Leftrightarrow C - \alpha_i^+ - \eta_i^+ = 0,\ i \in [n] \quad (3.10)$$

式 (3.7)～(3.10) をラグランジュ関数に代入して整理すると

$$\min_{\boldsymbol{w},b,\boldsymbol{\xi}^-,\boldsymbol{\xi}^-} L(\boldsymbol{w},b,\boldsymbol{\xi}^-\boldsymbol{\xi}^+,\boldsymbol{\alpha}^-,\boldsymbol{\eta}^-\boldsymbol{\alpha}^+,\boldsymbol{\eta}^+)$$
$$= -\frac{1}{2}\sum_{i,j\in[n]}(\alpha_i^+-\alpha_i^-)(\alpha_j^+-\alpha_j^-)\boldsymbol{x}_i^\top \boldsymbol{x}_j$$
$$+ \sum_{i\in[n]}(\alpha_i^+ - \alpha_i^-)y_i - \sum_{i\in[n]}(\alpha_i^+ + \alpha_i^-)\varepsilon \quad (3.11)$$

となります．式 (3.11) には，主変数 $\boldsymbol{w},b,\boldsymbol{\xi}^-,\boldsymbol{\xi}^+$ が含まれていません．また，双対変数の $\boldsymbol{\eta}^-,\boldsymbol{\eta}^+$ も式 (3.9) と式 (3.10) の関係を使うことでうまく削除しています．

式 (3.6) の max-min 問題を解くには，式 (3.11) を双対変数 $\boldsymbol{\alpha}^+,\boldsymbol{\alpha}^-$ に関

して最大化すればよいことになります．ただし，双対変数は非負でなければなりません．式 (3.9) と式 (3.10) を使って $\boldsymbol{\eta}^-$ と $\boldsymbol{\eta}^+$ を削除しましたが，これらの双対変数も非負である必要があります．非負条件 $\alpha_i^- \geq 0$ と $\eta_i^- \geq 0$ より，式 (3.9) の関係から

$$0 \leq \alpha_i^-, 0 \leq \eta_i^- = C - \alpha_i^- \Rightarrow 0 \leq \alpha_i^- \leq C \tag{3.12}$$

となります．同様に，

$$0 \leq \alpha_i^+, 0 \leq \eta_i^+ = C - \alpha_i^+ \Rightarrow 0 \leq \alpha_i^+ \leq C \tag{3.13}$$

となります．

式 (3.11)，式 (3.8)，式 (3.12)，式 (3.13) を用いると，ラグランジュ関数の鞍点を求める max-min 問題 (3.6) は以下のような制約付き最大化問題となります．この問題が SV 回帰の双対問題と呼ばれるものです．

$$\begin{aligned}
\max_{\boldsymbol{\alpha}} \quad & -\frac{1}{2} \sum_{i,j \in [n]} (\alpha_i^+ - \alpha_i^-)(\alpha_j^+ - \alpha_j^-) \boldsymbol{x}_i^\top \boldsymbol{x}_j \\
& + \sum_{i \in [n]} (\alpha_i^+ - \alpha_i^-) y_i - \sum_{i \in [n]} (\alpha_i^+ + \alpha_i^-) \varepsilon \\
\text{s.t.} \quad & \sum_{i \in [n]} (\alpha_i^+ - \alpha_i^-) = 0,\ 0 \leq \alpha_i^+ \leq C,\ 0 \leq \alpha_i^- \leq C,\ i \in [n]
\end{aligned} \tag{3.14}$$

主変数 $\boldsymbol{w}$ と双対変数 $\boldsymbol{\alpha}^-, \boldsymbol{\alpha}^+$ の関係式 (3.7) を用いると，回帰関数 $f(\boldsymbol{x})$ は以下のように表すことができます．

$$f(\boldsymbol{x}) = \left(\sum_{i \in [n]} (\alpha_i^+ - \alpha_i^-) \boldsymbol{x}_i \right)^\top \boldsymbol{x} + b \tag{3.15}$$

このように双対変数を用いて表現した回帰モデルを双対表現と呼ぶことにします．双対表現では，回帰関数の係数ベクトル $\boldsymbol{w}$ が入力 $\boldsymbol{x}_1, \ldots, \boldsymbol{x}_n$ の線形結合で表される形となっています．

ところで，双対問題 (3.14) にはバイアス b が現れません．バイアス b は 3.5 節で学ぶ最適性条件と呼ばれる性質を用いて求めることができます．

3.4 SV 回帰による非線形モデリング

これまでは線形回帰モデル $f(\boldsymbol{x}) = \boldsymbol{w}^\top \boldsymbol{x} + b$ に基づいて説明してきました．分類問題と同様に，**カーネル関数**（kernel function）を利用することによって，非線形モデルに基づく回帰を行うことができます．

カーネル関数が利用できるのは，双対問題 (3.14) と双対表現 (3.15) の性質に基づいています．双対問題と双対表現のどちらにおいても入力 $\boldsymbol{x}$ が単独で現れず，すべて内積の形で現れています．SV 回帰を非線形化するため，SV 分類と同様に，カーネル関数 $K : \mathbb{R}^d \times \mathbb{R}^d \to \mathbb{R}$ を用いて内積を一般化することにします．内積をカーネル関数に置き換えると，双対問題 (3.14) は

$$
\begin{aligned}
\max_{\boldsymbol{\alpha}} \quad & -\frac{1}{2} \sum_{i,j \in [n]} (\alpha_i^+ - \alpha_i^-)(\alpha_j^+ - \alpha_j^-) K(\boldsymbol{x}_i, \boldsymbol{x}_j) \\
& + \sum_{i \in [n]} (\alpha_i^+ - \alpha_i^-) y_i - \sum_{i \in [n]} (\alpha_i^+ + \alpha_i^-) \varepsilon \quad (3.16) \\
\text{s.t.} \quad & \sum_{i \in [n]} (\alpha_i^+ - \alpha_i^-) = 0, \ 0 \leq \alpha_i^+ \leq C, \ 0 \leq \alpha_i^- \leq C, \ i \in [n]
\end{aligned}
$$

となり，双対表現 (3.15) は

$$
f(\boldsymbol{x}) = \sum_{i \in [n]} (\alpha_i^+ - \alpha_i^-) K(\boldsymbol{x}_i, \boldsymbol{x}) + b \quad (3.17)
$$

となります．第 1 章 の SV 分類の場合と同様に，カーネル関数として内積以外のものを使うことによって非線形なモデリングが可能となります．

3.5 SV 回帰の性質

本節では SV 回帰の性質について解説します．

3.5.1 スパース性とサポートベクトル

式 (3.17) のように，回帰モデルはカーネル関数の線形和で表すことができます．このモデルは，$2n$ 個の双対変数 $\{(\alpha_i^+, \alpha_i^-)\}_{i \in [n]}$ によって特徴づけら

れます．最適化分野で知られている Karush-Kuhn-Tucker（KKT）条件を用いると，双対変数 (α_i^+, α_i^-) の最適値が，学習データ $(\boldsymbol{x}_i, y_i)$ の最適解における残差 $r_i = y_i - f(\boldsymbol{x}_i)$ と関連づけられていることがわかります．KKT条件を最適化問題 (3.14) に適用すると以下のような関係が導かれます．

$$\alpha_i^+ = 0, \alpha_i^- = C \quad r_i < -\varepsilon \text{の場合} \tag{3.18a}$$

$$\alpha_i^+ = 0, 0 \leq \alpha_i^- \leq C \quad r_i = -\varepsilon \text{の場合} \tag{3.18b}$$

$$\alpha_i^+ = 0, \alpha_i^- = 0 \quad -\varepsilon < r_i < \varepsilon \text{の場合} \tag{3.18c}$$

$$0 \leq \alpha_i^+ \leq C, \alpha_i^- = 0 \quad r_i = \varepsilon \text{の場合} \tag{3.18d}$$

$$\alpha_i^+ = C, \alpha_i^- = 0 \quad r_i > \varepsilon \text{の場合} \tag{3.18e}$$

式 (3.18) は最適解であることの必要十分条件であるので，得られた解が最適解であるのか確認することができます．

また，式 (3.18c) より，$-\varepsilon < y_i - f(\boldsymbol{x}_i) < \varepsilon$ である場合，対応する双対変数が $\alpha_i^+ = \alpha_i^- = 0$ となっています．この場合，モデル (3.17) においてカーネル関数 $K(\boldsymbol{x}_i, \boldsymbol{x})$ の係数 $\alpha_i^+ - \alpha_i^-$ が 0 となり，学習データ点 $(\boldsymbol{x}_i, y_i)$ は回帰モデルに影響を与えないことがわかります．ε-不感損失関数（図 3.5）をみると，残差の絶対値 $|y_i - f(\boldsymbol{x}_i)|$ が ε 未満のとき損失が 0 となっています．直感的にも，このようなデータ点がモデルに影響を与えないことを理解できます．

線形結合で表されたモデルにおいて，係数の一部が 0 になっていることをスパース（疎）であるといいます．SV 回帰は n 個の学習データに対応する n 個のカーネル関数 $K(\boldsymbol{x}_i, \boldsymbol{x})$ の形で表されますが，その一部の係数が 0 となるので，スパースなモデルとあるといえます．スパースなモデルの利点の一つは，回帰モデルの評価（入力 $\boldsymbol{x}$ に対して $f(\boldsymbol{x})$ を計算すること）が効率的であることです．リアルタイム性が必要な応用問題では，スパース性の高いモデルを用いて評価を高速に行うことが有益です．

一方，残差の絶対値が ε 以上である場合，係数 $\alpha_i^+ - \alpha_i^-$ は一般に非零となります．これらの学習データ点はモデルに影響を与える重要なデータであると考えることができます．SV 分類の場合と同様に，最適解において $|y_i - f(\boldsymbol{x}_i)| \geq \varepsilon$ となる入力ベクトル $\boldsymbol{x}_i$ をサポートベクトルと呼びます．

ここで，双対問題におけるバイアス b の求め方を説明します．式 (3.14) で

みたように，双対問題にはバイアス b が現れないため，双対問題 (3.14) を解くだけでは，これを求めることができませんでした．KKT 条件 (3.18) を用いるとバイアスを決めることができます．双対問題を解いて得られた最適な双対変数 $\{(\alpha_i^-, \alpha_i^+)\}$ を用いると，式 (3.18) より，

$$0 < \alpha_i^- < C \Rightarrow y_i - (\bm{w}^\top \bm{x}_i + b) = -\varepsilon \tag{3.19a}$$

$$0 < \alpha_i^+ < C \Rightarrow y_i - (\bm{w}^\top \bm{x}_i + b) = \varepsilon \tag{3.19b}$$

であるので，$0 < \alpha_i^- < C$ となる α_i^-，もしくは，$0 < \alpha_i^+ < C$ となる α_i^+ が一つでも存在すれば，

$$b = \varepsilon + y_i - \sum_{j \in [n]} (\alpha_j^+ - \alpha_j^-) K(\bm{x}_j, \bm{x}_i) \quad \alpha_i^- \in (0, C) \text{ の場合} \tag{3.20a}$$

$$b = -\varepsilon + y_i - \sum_{j \in [n]} (\alpha_j^+ - \alpha_j^-) K(\bm{x}_j, \bm{x}_i) \quad \alpha_i^+ \in (0, C) \text{ の場合} \tag{3.20b}$$

と求めることができます．上の条件を満たす α_i^- や α_i^+ が一つもない場合は，バイアス b の範囲のみが求まりますが，このような状況は現実的にはほとんど起こり得ません（本書では詳細を省きます）．

3.5.2 SV 回帰と最小二乗法・最小絶対誤差法との関係

3.3 節で定式化した SV 回帰は見慣れない形の ε-不感損失関数を用いており，主問題 (3.5) や双対問題は複雑な制約付き最適化問題となりました．ここでは，最小二乗法や最小絶対誤差法と SV 回帰の関連を説明します．

不感度パラメータを $\varepsilon = 0$ とすると，ε-不感損失関数は最小絶対誤差法の損失関数と一致します．すなわち，最小絶対誤差法は SV 回帰において $\varepsilon = 0$ とした特別な場合とみなすことができます．前節までの議論は $\varepsilon = 0$ の場合にも成り立つので，2 次正則化項 $\frac{1}{2} \|\bm{w}\|^2$ を加えた最小絶対誤差法

$$\min_{\bm{w}, b} \frac{1}{2} \|\bm{w}\|^2 + C \sum_{i \in [n]} |y_i - (\bm{w}^\top \bm{x}_i + b)|$$

の主問題や双対問題は式 (3.5) や式 (3.14) において $\varepsilon = 0$ としたものになります．また，双対変数 $\bm{\alpha}^-$, $\bm{\alpha}^+$ を用いて，回帰関数を式 (3.15) の形で表すこともできます．さらに，内積をカーネル関数に置き換えるカーネル化も

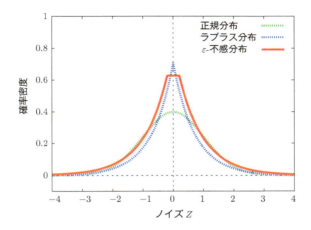

図 3.6 ε-不感損失関数に対応するノイズ分布.

可能です.詳細は割愛しますが,2 次正則化項を加えた最小二乗法においても,ほぼ同様の手順で主問題・双対問題の導出とカーネル化が可能です.以上の議論より,双対カーネルモデル表現は ε-不感損失関数に特有の性質に基づくものでないことがわかります.

3.2 節において,最小二乗法はノイズが正規分布に従うときに,最小絶対誤差法はノイズがラプラス分布に従うときに最尤推定法に一致することを述べました.ε-不感損失関数の場合,確率モデル (3.1) のノイズ項 Z が以下のような確率分布に従うときの最尤推定法に一致します.

$$p(Z) \sim \frac{1}{\kappa(\phi)} \exp\left(-\frac{\max\{0, |Z-\mu|-\varepsilon\}}{\phi}\right) \quad (3.21)$$

ここで,$\phi > 0$ は分布のバラツキを特徴づけるパラメータ,$\kappa(\phi)$ は正規化定数です.図 3.6 に,式 (3.21) によって定式化される確率分布を示します.現実問題のノイズのモデルとして式 (3.21) のような分布が適切であるかどうかは議論の余地がありますが,回帰問題において損失関数を選択することは背後に想定するノイズモデルを選択していると理解することもできます.

では,ε-不感損失関数を使う利点はどこにあるのでしょうか.式 (3.18) より,$\varepsilon = 0$ としてしまうと双対表現がスパースにならないことがわかります.

逆にいえば，$\varepsilon > 0$ を用いた ε-不感損失関数は双対表現をスパースにするためのものであると解釈できます．前にも触れましたが，リアルタイム予測のようにモデル評価を高速に行う必要がある場合には，ε の値を適切に決めた ε-不感損失関数を使うことが有益な場合があります．一方，スパース性を持つモデルを構築する方法は他にも多くあります．例えば，以下のようにカーネル関数 $\{K(\boldsymbol{x}_j, \cdot)\}_{j \in [n]}$ を基底関数とする基底展開モデルを考えます．

$$f(\boldsymbol{x}) = \sum_{j \in [n]} \alpha_j K(\boldsymbol{x}_j, \boldsymbol{x}) + b \tag{3.22}$$

この基底展開モデルのパラメータを L_1 正則化項を用いた最小二乗法

$$\min_{\boldsymbol{\alpha}, b} \|\boldsymbol{\alpha}\|_1 + C \sum_{i \in [n]} \left(y_i - \left(\sum_{j \in [n]} \alpha_j K(\boldsymbol{x}_j, \boldsymbol{x}_i) + b \right) \right)^2 \tag{3.23}$$

で求めれば，SV 回帰と類似したスパースモデルを得ることができます．

SV 回帰が式 (3.23) により求めたスパース基底展開モデルよりもよい性能を示すかどうかは一概に判断できません．SV 回帰が提案された 1998 年以降，L_1 正則化によるスパース学習の理論と応用が発展し，最近は後者のアプローチを用いることも多くなっています．

SV 分類におけるヒンジ損失関数 (1.27) は 2 クラス分類問題の損失関数として適した性質を多く持っています．一方，SV 回帰のための ε-不感損失関数は，最小二乗法などに比べるとやや特異なノイズモデルに基づいている点は否めません．分類問題においては SVM が標準的なアプローチとなりましたが，回帰問題においては最小二乗法などのオーソドックスな方法を用い，必要に応じて L_1 正則化などが使われることが多いように思われます．

3.6 分位点回帰分析

SV 回帰では損失関数を工夫することによって，残差が ε 以内であれば結果に影響を与えないという特徴を持たせることができました．ここまで紹介した最小二乗法，最小絶対誤差法，SV 回帰以外にも，損失関数に修正を加えることによって，さまざまな特徴を持った回帰関数を推定する方法が提案されています．本節では，このうち，**分位点回帰分析**と呼ばれる方法を紹介

します.

最小二乗法,最小絶対誤差法,SV 回帰では

$$Y = f(\boldsymbol{x}) + Z$$

というデータ発生源を考えていました.ここでは,ノイズを表す確率変数 Z が入力 $\boldsymbol{x}$ に依存しないことを仮定していましたが,現実問題ではそのような仮定が満たされていない場合もあります.ノイズの分散が入力に依存するデータ発生源モデルは**不均一分散モデル**(**heteroscedastic model**)と呼ばれています.Z をこれまで通り,$\boldsymbol{x}$ に依存しないノイズを表す確率変数とし,$\mathbb{E}[Z] = 0, \mathbb{V}[Z] = 1$ であるとすると,不均一分散モデルは以下のように表すことができます.

$$Y = \mu(\boldsymbol{x}) + \sigma(\boldsymbol{x})Z \tag{3.24}$$

式 (3.24) の不均一分散モデルでは,出力 Y の期待値が

$$\mathbb{E}[Y \mid \boldsymbol{x}] = \mathbb{E}[\mu(\boldsymbol{x}) + \sigma(\boldsymbol{x})Z] = \mathbb{E}[\mu(\boldsymbol{x})] = \mu(\boldsymbol{x})$$

と表されます.一方,出力 Y の分散も,入力 $\boldsymbol{x}$ の関数として,

$$\mathbb{V}[Y \mid \boldsymbol{x}] = \mathbb{E}[(\mu(\boldsymbol{x}) + \sigma(\boldsymbol{x})Z - \mu(\boldsymbol{x}))^2] = \sigma(\boldsymbol{x})^2 \mathbb{E}[Z^2] = \sigma(\boldsymbol{x})^2$$

と表されます.不均一分散モデル (3.24) では,$\mu(\boldsymbol{x})$ を**平均関数**(**mean function**),$\sigma(\boldsymbol{x})^2$ を**分散関数**(**variance function**)と呼ぶこともあります.

図 3.7 に入力が 1 次元の場合の不均一分散モデルのデータ発生源の例を示します.ここでは,

$$\mu(\boldsymbol{x}) = \frac{\sin 2\pi x}{x}, \ \sigma(\boldsymbol{x}) = \frac{\exp(1-x)}{10}$$

となっています.入力 $\boldsymbol{x}$ が増えるにつれ,データのバラツキが減っていることがみてとれます.

図 3.7 の緑色の曲線は条件付き平均関数です.条件付き平均関数によって出力 Y の平均的性質が入力 $\boldsymbol{x}$ に応じてどのように変化していくかを知ることができますが,出力 Y のバラツキが増加していく性質はうまくとらえきれていません.3.2 節でも述べたように,最小二乗法などは Y の条件付き平

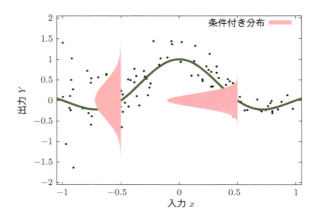

図 3.7 不均一分散性を持つデータ発生源の例.

均を x の関数として近似するための方法ですので,出力 Y のバラツキの変化を知りたい場合には他の方法が必要となります.ノイズが不均一な場合には,入力 x に依存して Y の平均だけでなくバラツキがどのように変化するかを知ることで適切な意思決定を行える場合があります.

では,Y のバラツキが変化する場合はどのような方法を使えばよいのでしょうか.データ発生源が式 (3.24) の場合,平均関数 $\mu(\bm{x})$ と分散関数 $\sigma(\bm{x})$ を推定するアプローチが考えられます.一方,確率分布 $p(Y\,|\,\bm{x})$ が,式 (3.24) よりも複雑な形で $\bm{x}$ に依存する場合,条件付き分位点関数と呼ばれるものを推定するアプローチが有効です.

条件付き分位点関数を説明する前に,**分位点**(**quantile**)とは何かを復習しておきましょう.分位点は任意の 1 次元確率分布に関して定義されますが,議論を簡潔にするため,連続変数 Y の確率分布 $p(Y)$ を考えましょう.確率変数 Y の確率密度関数を $g_Y(y)$ とすると,その累積分布関数は

$$G_Y(y) = \int_{-\infty}^{y} g_Y(y)\mathrm{d}y$$

と定義されます.このとき,0 以上 1 以下のパラメータ τ に関して,確率変数 Y の τ 分位点は,$G_Y^{-1}(\tau)$ と定義されます.すなわち,τ 分位点とは,確率変数がそれ以下の値をとるような確率が τ であるような点を表しています.ま

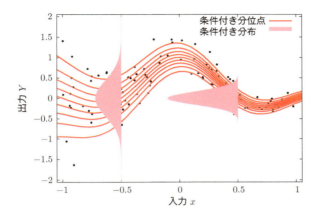

図 3.8 不均一分散データの条件付き分位点関数. τ は上から順に, $\tau = 0.1, 0.2, \ldots, 0.9$.

た, τ 分位点と 100τ パーセント点は同義です. 特別な場合として, $\tau = 0.5$ のとき, τ 分位点は中央値となります.

では, **条件付き分位点関数（conditional quantile function）** を定義しましょう. これまでと同様に, 入力 $\boldsymbol{x}$ に対する出力 Y の確率変数を $Y|\boldsymbol{x}$ と表記することにします. 確率変数 $Y|\boldsymbol{x}$ の累積分布関数を $G_{Y|\boldsymbol{x}}(y)$ と表すと, τ 条件付き分位点関数 $Q_Y^\tau : \mathcal{X} \to \mathbb{R}$ は $\boldsymbol{x}$ の関数として

$$Q_Y^\tau(\boldsymbol{x}) = G_{Y|\boldsymbol{x}}^{-1}(\tau)$$

と表されます. 図 3.8 に図 3.7 の不均一分散モデルにおける $\tau = 0.1$, 0.2, $\ldots$, 0.9 の条件付き分位点関数をプロットしています. このように条件付き分位点関数を求めることで, 入力 $\boldsymbol{x}$ に依存する出力 Y のバラツキを表現することができます.

では, 学習データ $\{(\boldsymbol{x}_i, y_i)\}_{i \in [n]}$ が与えられたとき, どのように条件付き分位点関数を推定すればよいのでしょうか. 詳細は省略しますが, 損失関数として以下のようなものを使うと, 条件付き分位点関数を推定できます.

$$\ell_\tau(y, f(\boldsymbol{x})) = \begin{cases} (1-\tau)|y - f(\boldsymbol{x})| & y < f(\boldsymbol{x}) \text{ の場合} \\ \tau|y - f(\boldsymbol{x})| & y > f(\boldsymbol{x}) \text{ の場合} \end{cases} \quad (3.25)$$

図 3.9 に $\tau = 0.1$, 0.5, 0.7 のときの損失関数 (3.25) を示します. $\tau = 0.5$

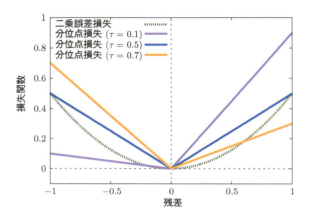

図 3.9 分位点回帰分析の損失関数.

のとき，最小絶対誤差法の損失関数と一致することがわかります．損失関数 (3.25) を用いて条件付き分位点関数を推定する方法は**分位点回帰分析**（**quantile regression analysis**）と呼ばれています．

線形モデルの分位点回帰分析に，SV 回帰と同様に L_2 正則化を加えたものは，以下のような最適化問題として定式化されます．

$$\min_{\boldsymbol{w},b} \frac{1}{2}\|\boldsymbol{w}\|^2 + C\sum_{i\in[n]} \ell_\tau(y_i, \boldsymbol{w}^\top \boldsymbol{x}_i + b) \tag{3.26}$$

SV 回帰の場合のように凸最適化理論を用いると，(3.26) の双対問題を導出することができます．この双対問題でも入力 $\boldsymbol{x}$ が内積の形のみで現れます．このため，カーネル関数 K を用いることで非線形な分位点回帰分析を行うことができます．このアプローチは**カーネル分位点回帰分析**（**kernel quantile regression analysis**）と呼ばれており，以下のような最適化問題を解くことにより得ることができます．

$$\max_{\boldsymbol{\alpha}\in\mathbb{R}^n} \frac{1}{2}\sum_{i\in[n]}\sum_{j\in[n]} \alpha_i\alpha_j K(\boldsymbol{x}_i,\boldsymbol{x}_j) + \sum_{i\in[n]} \alpha_i y_i$$
$$\text{s.t.} \sum_{i\in[n]} \alpha_i = 0,\ \alpha_i \in [(\tau-1)C, \tau C], i\in[n]$$

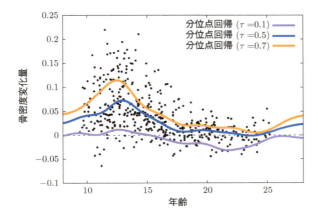

図 3.10 図 3.1 のデータにカーネル分位点回帰分析を適用した例.

図 3.10 に図 3.1 のデータに図 3.9 に対応する $\tau = 0.1, 0.5, 0.7$ のカーネル分位点回帰分析を適用した例を示します.

Chapter 4

教師なし学習のための
サポートベクトルマシン

これまでに学んだ分類問題と回帰問題は入力と出力のペアが訓練事例として与えられる教師あり学習の問題でした．本章では，入力のみが訓練事例として与えられる教師なし学習の問題を考えます．教師なし学習のためのサポートベクトルマシンとして，1クラスSVMと呼ばれる方法を中心に説明します．

4.1 教師なし学習のタスク

　これまでに学んだSV分類とSV回帰は，入力と出力のペア $\{(\bm{x}_i, y_i)\}_{i \in [n]}$ が学習データとして与えられるもので，**教師あり学習**（**supervised learning**）と呼ばれています．教師あり学習の目的は，学習データを用いて入出力関係を学習し，新たな入力に対する分類や予測を行うという比較的わかりやすいものでした．一方，**教師なし学習**（**unsupervised learning**）では，入力 $\{\bm{x}_i\}_{i \in [n]}$ のみが学習データとして与えられます．入力のみが与えられた状況でどのようなことを学習し，それによってどのようなことが可能になるのでしょうか．本章では，まず，代表的な三つの教師なし学習のタスクを簡単に紹介し，教師なし学習の目的を明確にします．続いて，本章の主題である**1クラスSVM**（**one-class SVM, single class SVM**）を説明します．教師なし学習の代表的なタスクとして，クラスタリング，次元削減，異

常検知と呼ばれるものがあります．本節ではこの三つのタスクを簡単に紹介することによって教師なし学習の目的を明らかにします．

4.1.1 クラスタリング

クラスタリング（clustering）とは，入力データに潜むグループ構造を見つけるための方法で，グループのことを**クラスタ**（cluster）と呼ぶことがあるためにこのような名前がつけられています．クラスタリングの代表的な方法として k **平均法**（k-means method）と呼ばれるものがあります．ただし，k 平均法の k はクラスタ数（グループ数）を表しています．学習データである n 個の入力事例 $\{x_i\}_{i \in [n]}$ をクラスタリングアルゴリズムに適用すると，これらを k 個のグループに分割することができます．クラスタリングの目的は，同じクラスタに属する事例同士の距離が近く，異なるクラスタに属する事例同士の距離が遠くなるようにデータを分割することです．

クラスタリングは，データ解析の最終目的として使うだけでなく，さらなる分析を行うための前処理として利用される場合もあります．データ発生源が正規分布のようなひと山（ユニモーダル）の分布である場合，データ全体をまとめて分析することができます．一方，データ発生源が多峰性（マルチモーダル）の分布に従う場合，すべての事例を一つのデータ発生源から生じたとみなすのでなく，複数の異なるデータ発生源が混ぜ合わさっているとみなした方がよい場合があります．このような場合，クラスタリングによってデータをいくつかのクラスタに分割し，それぞれのクラスタごとにさらなる分析を行うことが有益です．

本書ではクラスタリングアルゴリズムの解説は行いませんが，上述の k 平均法をさまざまな観点から拡張する試みや，異なる視点に基づくクラスタリングアルゴリズムが数多く提案されています．本書のトピックに関連が深いものとしては，クラスタリングにマージン最大化の概念を取り入れた**マージン最大化クラスタリング**（large margin clustering）と呼ばれるアプローチや，k 平均法にカーネル関数を導入して非線形なクラスタリングを可能とする**カーネル k 平均法**（kernel k-means method）と呼ばれるアプローチが提案されています．

4.1.2 次元削減

次元削減（**dimensionarlty reduction**）とは高次元データを低次元データに変換することを意味します．最近では，計測装置の発展などによって超高次元データが得られるようになっており，次元削減の重要性は増しています．次元削減を行う目的は大きく三つあります．一つ目は次元削減をデータの前処理として行う場合です．分類や回帰を含む多くのデータ分析アルゴリズムは高次元データに対しては推定性能が劣化する場合があります．このため，前処理として次元を削減した後で複雑なデータ分析を行うことが有効です．二つ目の目的はノイズ除去です．多くの高次元データでは，本質的に重要なのは一部の少数の次元で，残りの大部分の次元はノイズに過ぎないという場合があります．このような場合，次元削減を行うことでノイズを除去し，信号成分を取り出すことができます．三つ目の目的はデータ圧縮です．データの次元を減らすことでデータの保存に必要なメモリを減らすことができます．

次元削減のための方法として最もよく使われているのは**主成分分析**（**principal component analysis**）と呼ばれるものです．主成分分析ではデータの線形変換によって次元削減を行います．例えば，もとの次元を D とし，次元削減後の次元を d とすると，D 次元ベクトルを d 次元ベクトルへ変換する $d \times D$ 行列を生成することが次元削減アルゴリズムのタスクです．主成分分析では，データのバラツキが最も大きくなるような次元が重要な次元であるとみなします．データのバラツキが最も大きくなるような線形変換を第 1 主成分，第 1 主成分に直交する部分空間においてデータのバラツキを最も大きくする線形変換を第 2 主成分と呼びます．第 d 主成分まで用いてデータを表現することにすれば，d 次元への次元削減を行っていることになります．詳細は省略しますが，主成分分析は固有値問題に帰着されるため，効率的に解くことができます．

主成分分析においてもさまざまな拡張がなされています．本書に関連するトピックとしては，主成分分析にカーネル関数を導入する**カーネル主成分分析**（**kernel principal component analysis**）と呼ばれるアプローチが提案されています．カーネル主成分分析を用いると非線形変換による次元削減を行うことができます．なお，学習データとして入力事例のみが与えられ

た状況での次元削減を**教師なし次元削減**(unsupervised dimension reduction)と呼び,学習データとして入出力ペアが与えられた場合に利用される**教師あり次元削減**(supervised dimension reduction)と呼ばれるものもあります.

4.1.3 異常検知

異常検知(anomaly detection)の目的は,新しい事例が与えられたとき,それが正常であるのか異常であるのかを判定することです.しかし,学習データとして入力事例 $\{x_i\}_{i \in [n]}$ のみが与えられている状況では,どのように「異常」を定義すべきかも明確ではありません.直感的には,確率的に起こりやすいことを正常,確率的に起こりにくいことを異常とみなすというのが自然であるように思えます.このように異常を定義すると,新しい事例が,学習データとは異なる確率分布のデータ発生源から発生したとみなせる場合に異常と判定することになります.

異常検知のための最もシンプルな方法は類似度に基づくアプローチです.類似度に基づくアプローチでは,ある事例が異常であるか判定する場合,それぞれの学習事例との類似度を計算します.ただし,類似度とは二つの事例が似ているほど大きな値をとり,まったく似ていない場合は 0 をとるものとします.多くの学習事例と似ているものを正常値,どの学習事例とも似ていないものを異常値とみなすことにすると,類似度の合計がある閾値よりも大きければ正常,小さければ異常とみなすことができます.本章の主題である 1 クラス SVM も類似度に基づく異常検知アプローチの一種とみなすことができます.

異常検知の方法にもさまざまなアプローチが提案されています.これまでに述べたものは,入力事例のみが与えられている場合の異常検知であり,**教師なし異常検知**(unsupervised anomaly detection)と呼ばれます.教師なし異常検知では,学習データとして与えられているすべての入力事例は正常値とみなされます.一方,**教師あり異常検知**(supervised anomaly detection)と呼ばれるアプローチでは,正常値と異常値が学習データとして与えられます.この場合,正常か異常かをラベルとした 2 クラス分類問題とみなすことができます.ただし,異常値を学習データとして事前に得ることは困難であるため,実用上は教師なし異常検知が必要とされる状況が多いです.

異常検知の文脈では，異常であることを陽性，正常であることを陰性と呼びます．さらに，正常な事例を異常と誤ることを偽陽性，異常な事例を正常と誤ることを偽陰性と呼びます．異常検知アルゴリズムの設計で考慮すべき重要な点の一つは偽陽性率と偽陰性率のバランスをとることです．すべての事例を正常と判定すれば偽陽性率は 0，異常と判定すれば偽陰性率は 0 となるので，どちらか一方のみを減らしても無意味であることがわかります．適切なバランスは問題によって異なります．このため，異常検知アルゴリズムを設計する際には，所望のバランスが実現できるように調整可能なパラメータを導入する必要があります．しかし，教師なし異常検知では正常事例のみが学習データとして与えられるため，偽陰性率を調整することは困難です．このため，偽陽性率が 1% や 5% となる（学習事例のうち，1% や 5% が異常と判定される）ように閾値を設定するといった方針がとられます．

4.1.4　教師なし学習と確率密度推定

以上の三つの教師なし学習タスクは互いに関連がないようにみえますが，どのタスクも入力データ $\{x_i\}_{i\in[n]}$ のデータ発生源に関する推測を行っているという共通点があります．すなわち，入力データ発生源の確率分布がわかれば，すべてのタスクを容易にこなすことができます．例えば，データ発生源の確率分布が多峰性な分布であれば，それぞれのピークをクラスタとみなすことで容易にクラスタリングを行うことができます．また，データ発生源の確率分布が既知であれば次元削減を行うことは難しくありません．異常検知タスクでは，データ発生源の確率分布から発生する確率が低い事例を単に異常とみなせばよいことになります．

しかし，入力データが高次元の場合，データ発生源の確率分布を精度よく推定するのは簡単ではありません．このため，上述したアプローチでは，データ発生源の確率分布を推定せず，目的のタスクを直接行うものとなっています．一方，データ発生源に関する先見知識が得られていたり，データ発生源そのものに関する説明や解釈が必要な場合，まずデータ発生源の確率分布を推定し，その後，推定された確率分布に基づいてタスクを行うアプローチがとられることもあります．後者のアプローチは，データ発生源の推定を行うため，生成モデルによるアプローチと呼ばれています．教師なし学習とは，特定のタスクを目的として，入力データ発生源に関する統計的推測を行うた

めの方法と解釈することができます．

4.2 1クラスSVM

1クラスSVMは，SV分類のアプローチを教師なし学習のために使えないかという視点で考案された方法です．1クラスSVMは4.1.3項で考察した教師なし異常検知のアルゴリズムとみなすことができます．1クラスSVMでは，SV分類の場合と同様に学習データから関数を学習します．この関数は，入力値が正常値であれば+1を，異常値であれば−1を返すように学習されます．2クラス分類問題では，$y_i = +1$である正クラスと$y_i = -1$である負クラスの両方の学習データ点が与えられていました．一方，教師なし異常検知では，正常な事例しか与えられていないので，2クラス分類の場合と同様に定式化することはできません．また，4.1.3項で述べた偽陽性率を制御する仕組みについても検討する必要があります．偽陽性率は，2クラス分類問題の文脈では，正クラス（$y_i = +1$）を誤って負クラス（$y_i = -1$）と判定する割合に相当します．1クラスSVMを設計する際には，学習事例のうち1%や5%を負クラスとして誤分類させるように分類境界を調整できる仕組みが必要です．本節では，まず，これらの課題をいかに解決すべきかを直感的に議論し，その後，1クラスSVMの定式化を行います．

4.2.1 1クラスSVMの考え方

SV分類やSV回帰ではもとの入力空間の線形モデルを用いて分類や回帰を行うこともあります．一方，1クラスSVMでは，入力空間の線形モデルをそのまま異常検知に用いることはほとんどなく，特徴空間の線形モデル

$$f(\boldsymbol{x}) = \boldsymbol{w}^\top \boldsymbol{\phi}(\boldsymbol{x}) + b \tag{4.1a}$$

とその双対表現

$$f(\boldsymbol{x}) = \sum_{i \in [n]} \alpha_i K(\boldsymbol{x}, \boldsymbol{x}_i) + \alpha_0 \tag{4.1b}$$

を考えます．ただし，$\boldsymbol{\phi}$は入力空間から特徴空間への写像を表す変換です．SV分類やSV回帰の導出では，まず主問題を考え，その後双対問題を導出

しましたが，今回は，後者の双対表現から議論をはじめることにします．

1 クラス SVM の目的はベクトル $\boldsymbol{x}$ が正常である場合に $+1$, 異常である場合に -1 を返すような判定規則を見つけることです．そのような規則として，式 (4.1b) の形式の関数 f を考え，

$$f(\boldsymbol{x}) \geq 0 \Rightarrow \text{正常値} \tag{4.2a}$$

$$f(\boldsymbol{x}) < 0 \Rightarrow \text{異常値} \tag{4.2b}$$

と判定することにします．このように定式化すると，学習の目的は，未知データに対して式 (4.2) の判定規則ができるだけ正解するようなパラメータ $\{\alpha_i\}_{i=0}^n$ を求めることになります．

ここで，式 (4.1b) の定数項 α_0 を除いた関数を考え，これを

$$\tilde{f}(\boldsymbol{x}) = \sum_{i \in [n]} \alpha_i K(\boldsymbol{x}, \boldsymbol{x}_i) \tag{4.3}$$

と表します．また，対応する特徴空間の線形モデルも同様に，

$$\tilde{f}(\boldsymbol{x}) = \boldsymbol{w}^\top \boldsymbol{\phi}(\boldsymbol{x})$$

と表します．理解を容易にするため，$\alpha_i \geq 0, i \in [n]$ という制約が加わっているものとします[*1]．また，カーネル関数 $K(\boldsymbol{x}, \boldsymbol{x}')$ は二つのベクトル $\boldsymbol{x}, \boldsymbol{x}' \in \mathcal{X}$ の類似度を表し，類似度が高いほど大きな値を返す非負の関数とします．すなわち，式 (4.3) の関数 $\tilde{f}(\boldsymbol{x})$ は非負の値をとることになります．

このような問題設定のもと，二つの入力事例 $\boldsymbol{x}_\mathrm{n}, \boldsymbol{x}_\mathrm{a} \in \mathcal{X}$ を考えることにしましょう．ここで，添字 n は normal（正常値）を，a は anomaly（異常値）を表しており，前者は学習データとして与えられた入力ベクトル集合 $\{\boldsymbol{x}_i\}_{i \in [n]}$ と類似しており，後者は類似していないものとします．このとき，関数値 $\tilde{f}(\boldsymbol{x}_\mathrm{n})$ と $\tilde{f}(\boldsymbol{x}_\mathrm{a})$ はどのような値をとるでしょうか．カーネル関数の性質より，正常入力 $\boldsymbol{x}_\mathrm{n}$ に対するカーネル関数値 $\{K(\boldsymbol{x}_\mathrm{n}, \boldsymbol{x}_i)\}_{i \in [n]}$ は大きな値をとり，異常入力 $\boldsymbol{x}_\mathrm{a}$ に対するカーネル関数値 $\{K(\boldsymbol{x}_\mathrm{a}, \boldsymbol{x}_i)\}_{i \in [n]}$ は 0 に近い値をとります．すなわち，$\{\alpha_i\}_{i \in [n]}$ が非負であるという制約のもとでは，$\tilde{f}(\boldsymbol{x}_\mathrm{n})$ は大きな値をとり，$\tilde{f}(\boldsymbol{x}_\mathrm{a})$ は 0 に近い値をとることになります．もし $\boldsymbol{x}_\mathrm{a}$ が極端な異常値ですべての学習入力事例との類似度が $K(\boldsymbol{x}_\mathrm{a}, \boldsymbol{x}_i) \simeq 0$,

---

[*1] 実際の 1 クラス SVM でもそのような制約が双対問題を導出する過程で現れます．

$i \in [n]$ であれば $\tilde{f}(\boldsymbol{x}_\mathrm{a}) \simeq 0$ となります.すなわち,式 (4.3) の関数 $\tilde{f}(\boldsymbol{x})$ は

$$\boldsymbol{x} \text{ が正常} \Rightarrow \tilde{f}(\boldsymbol{x}) \text{ が 0 から離れた大きな値をとる} \tag{4.4a}$$
$$\boldsymbol{x} \text{ が異常} \Rightarrow \tilde{f}(\boldsymbol{x}) \text{ が 0 に近い小さな値をとる} \tag{4.4b}$$

ということになります.

教師なし異常検知問題の定式化が難しいのは,学習データとして $\boldsymbol{x}_\mathrm{n}$ のような正常入力のみが与えられ,$\boldsymbol{x}_\mathrm{a}$ のような異常入力が与えられないことでした.この問題に対処するため,1 クラス SVM では,人工的なダミーの異常入力として $\boldsymbol{\phi}(\boldsymbol{x}_\mathrm{a}) = \boldsymbol{0}$ となるような入力 $\boldsymbol{x}_\mathrm{a}$ を考えることにします.このようなダミーの異常入力を考える理由は,

$$\tilde{f}(\boldsymbol{x}_\mathrm{a}) = \boldsymbol{w}^\top \boldsymbol{\phi}(\boldsymbol{x}_\mathrm{a}) = 0 \tag{4.5}$$

となることから,このような $\boldsymbol{x}_\mathrm{a}$,すなわち,特徴空間における原点を異常入力の代表値とみなせるためです.このようなダミー入力を導入することによって,教師なし異常検知問題は $\{(\boldsymbol{x}_i, +1)\}_{i \in [n]}$ と $(\boldsymbol{x}_\mathrm{a}, -1)$ を学習データとする教師あり異常検知問題,すなわち,2 クラス分類問題とみなせることになります.

しかし,第 1 章で学んだ SV 分類アルゴリズムをこのデータにそのまま使うだけでは,疑陽性率の制御ができません.そのため,1 クラス SVM の定式化においては,第 1 章で学んだ SV 分類アルゴリズムと等価な ν-SV 分類 [18] という 2 クラス分類アルゴリズムの考え方に基づいて定式化が行われます.ν-SV 分類アルゴリズムでは,式 (1.3) の正則化パラメータ C の代わりに,$\nu \in (0, 1]$ というパラメータを用いて損失項と正則化項のバランスを制御します.正則化パラメータ C の代わりに ν を用いる利点は,ν がマージンエラーの割合の上限,かつ,サポートベクトルの割合の下限となっている,すなわち,

$$\frac{\#(\mathrm{M.E.})}{n} \leq \nu \leq \frac{\#(\mathrm{S.V.})}{n} \tag{4.6}$$

の関係になることが保証されている点です.ただし,$\#(\mathrm{M.E.})$ はマージンエ

ラーの数を，#(S.V.) はサポートベクトルの数を表しています[*2]．この性質を1クラスSVMで利用することにより，偽陽性率の割合がほぼνとなるような関数$f(\boldsymbol{x})$を学習することができます．具体的には，1クラスSVMアルゴリズムを用いると，

$$\frac{\sum_{i\in[n]} I(f(\boldsymbol{x}_i)<0)}{n} \leq \nu \leq \frac{\sum_{i\in[n]} I(f(\boldsymbol{x}_i)\leq 0)}{n} \quad (4.7)$$

を満たすような$f(\boldsymbol{x})$を求めることができます．ここで，$I(\cdot)$は指示関数です．異常検知では$f(\boldsymbol{x})$の符号によって陰性か陽性かを判定するので，式(4.7)は偽陽性率がほぼνであると解釈できます．

4.2.2　1クラスSVMの定式化

4.2.1項で考察したように，1クラスSVMでは，式(4.7)を満たすなかで，特徴空間において原点との距離が最大となるような超平面を求める問題となります．以下では，文献[17]と表記を合わせるため，式(4.1a)の決定関数を

$$f(\boldsymbol{x}) = \boldsymbol{w}^\top \boldsymbol{\phi}(\boldsymbol{x}) - \rho \quad (4.8)$$

と表すことにします．ただし，$\rho>0$はバイアスbの符号を逆にしたものです．このとき，異常検知の境界$f(\boldsymbol{x})=0$と原点の距離は$\frac{\rho}{\|\boldsymbol{w}\|}$と表されるため，$\|\boldsymbol{w}\|$を小さくし，$\rho$を大きくすると原点と境界の距離が大きくなります．

1クラスSVMの主問題は

$$\min_{\boldsymbol{w},\rho\in\mathbb{R}} \frac{1}{2}\|\boldsymbol{w}\|^2 - \rho + \frac{1}{n\nu}\sum_{i\in[n]} \max\{0, -(\boldsymbol{w}^\top \boldsymbol{\phi}(\boldsymbol{x}_i) - \rho)\} \quad (4.9)$$

と表されます．ただし，目的関数の第1項と第2項は原点と境界との距離を大きくするためのものです．一方，目的関数の第3項はSV分類におけるヒンジ損失に対応するものと解釈できます．第1，2項と第3項のトレードオフを調整するパラメータは，$\frac{1}{n\nu}$という形式となっています．後の議論で明らかになりますが，このような形式にすると，式(4.7)を満たすような境界を得ることができます．

損失関数をスラック変数$\{\xi_i\}_{i\in[n]}$を使って表現すると，式(4.9)の最適化

[*2] 2クラス分類問題の分類境界の方程式を$f(\boldsymbol{x})=0$とすると，マージンエラー数とは，$y_i f(\boldsymbol{x}_i)<1$となっている学習事例の数を表し，サポートベクトル数とは，$y_i f(\boldsymbol{x}_i)\leq 1$となっている学習事例の数を表します．

問題は

$$\min_{\boldsymbol{w}\in\mathcal{X},\rho\in\mathbb{R},\boldsymbol{\xi}\in\mathbb{R}^n} \frac{1}{2}\|\boldsymbol{w}\|^2 - \rho + \frac{1}{n\nu}\sum_{i\in[n]}\xi_i \tag{4.10a}$$

$$\text{s.t.} \quad \xi_i \geq -(\boldsymbol{w}^\top\boldsymbol{\phi}(\boldsymbol{x}_i) - \rho),\ \xi_i \geq 0,\ \forall i \in [n] \tag{4.10b}$$

と書き直すことができます. ラグランジュ未定乗数 $\alpha_i, \beta_i \geq 0,\ i \in [n]$ を導入すると, ラグランジュ関数は

$$\begin{aligned}L(\boldsymbol{w},\rho,\boldsymbol{\xi},\boldsymbol{\alpha},\boldsymbol{\beta}) &= \frac{1}{2}\|\boldsymbol{w}\|^2 - \rho + \frac{1}{n\nu}\sum_{i\in[n]}\xi_i \\ &\quad - \sum_{i\in[n]}\alpha_i(\boldsymbol{w}^\top\boldsymbol{\phi}(\boldsymbol{x}_i) - \rho + \xi_i) - \sum_{i\in[n]}\beta_i\xi_i\end{aligned} \tag{4.11}$$

と表されます. 主変数 $\boldsymbol{w}, \rho, \boldsymbol{\xi}$ に関して L を最小化すると,

$$\frac{\partial L}{\partial \boldsymbol{w}} = 0 \Rightarrow \boldsymbol{w} = \sum_{i\in[n]}\alpha_i\boldsymbol{\phi}(\boldsymbol{x}_i) \tag{4.12a}$$

$$\frac{\partial L}{\partial \rho} = 0 \Rightarrow \sum_{i\in[n]}\alpha_i = 1 \tag{4.12b}$$

$$\frac{\partial L}{\partial \xi_i} = 0 \Rightarrow 0 \leq \alpha_i = \frac{1}{n\nu} - \beta_i \leq \frac{1}{n\nu} \tag{4.12c}$$

という関係が最適解で成り立つことがわかります. 式 (4.12) を整理し, カーネル関数を導入すると, 双対問題は

$$\min_{\boldsymbol{\alpha}\in\mathbb{R}^n} \frac{1}{2}\sum_{i\in[n]}\sum_{j\in[n]}\alpha_i\alpha_j K(\boldsymbol{x}_i,\boldsymbol{x}_j) \tag{4.13a}$$

$$\text{s.t.} \quad 0 \leq \alpha_i \leq \frac{1}{n\nu},\ \forall i \in [n] \tag{4.13b}$$

$$\sum_{i\in[n]}\alpha_i = 1 \tag{4.13c}$$

と表されます.

SV 分類の場合と同様に, KKT 条件を整理すると, 双対変数 α_i と決定関数値 $f(\boldsymbol{x}_i)$ の間に以下のような関係が成り立つことがわかります.

$$f(\boldsymbol{x}_i) > 0 \Rightarrow \alpha_i = 0, \tag{4.14a}$$

$$f(\boldsymbol{x}_i) = 0 \Rightarrow \alpha_i \in \left[0, \frac{1}{n\nu}\right] \tag{4.14b}$$

$$f(\boldsymbol{x}_i) < 0 \Rightarrow \alpha_i = \frac{1}{n\nu} \tag{4.14c}$$

1 クラス SVM の最適性条件 (4.14) は，双対問題 (4.13) の最適解において，偽陽性率に関する条件 (4.7) が成り立つことを示しています．まず，$\frac{\sum_{i \in [n]} I(f(\boldsymbol{x}_i) < 0)}{n} \leq \nu$ を証明するため，その否定を仮定すると，式 (4.14c) より，

$$\frac{\sum_{i \in [n]} I(f(\boldsymbol{x}_i) < 0)}{n} > \nu \Rightarrow \sum_{i \in [n]} \alpha_i > n\nu \times \frac{1}{n\nu} = 1 \tag{4.15}$$

となりますが，これは式 (4.13c) に矛盾します．同様に，$\nu \leq \frac{\sum_{i \in [n]} I(f(\boldsymbol{x}_i) \leq 0)}{n}$ を証明するためにその否定を仮定すると，式 (4.14b) と式 (4.14c) より，

$$\frac{\sum_{i \in [n]} I(f(\boldsymbol{x}_i) \leq 0)}{n} < \nu \Rightarrow \sum_{i \in [n]} \alpha_i < n\nu \times \frac{1}{n\nu} = 1 \tag{4.16}$$

となり式 (4.13c) に矛盾します．よって，1 クラス SVM の最適解においては，偽陽性率が式 (4.7) の意味でほぼ ν になることを保証できます．

図 4.1 に人工的に作成した 2 次元データに 1 クラス SVM を適用した例を示します．図中の白黒の濃淡は式 (4.8) の関数 $f(\boldsymbol{x})$ の値を表しています．また，赤色の訓練事例は $f(\boldsymbol{x}_i) \geq 0$ で正常値と判定されたものを，青色の訓練事例は $f(\boldsymbol{x}_i) < 0$ で異常値と判定されたものを表しています．パラメータ ν の値を変えることによって，異常値（青色）と判定される学習データ点が増えることがみてとれます．

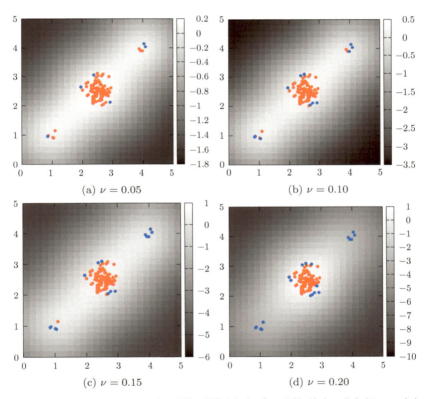

図 4.1 1 クラス SVM の例. 図中の白黒の濃淡は式 (4.8) の関数 $f(\boldsymbol{x})$ の値を表しています. また, 赤色の訓練事例は $f(\boldsymbol{x}_i) \geq 0$ で正常値と判定されたものを, 青色の訓練事例は $f(\boldsymbol{x}_i) < 0$ で異常値と判定されたものを表しています.

Chapter 5

カーネル関数

> SVM の特徴の一つは入力に対して特徴ベクトルの内積という形で依存しているということです.カーネル関数とはこの内積を置き換える関数であり,この関数を介して学習されるモデルの複雑さを変化させたり,データの持つ特徴を埋め込んだりすることができます.

5.1 カーネル関数の性質

SVM と関連する派生手法は,入力である特徴ベクトルに対してその内積にのみ依存していました.この性質によって,特徴空間 $\mathcal{F}$ に写像された特徴ベクトル $\phi(x)$ の内積を**カーネル関数**(kernel function)$K(x_i, x_j) = \phi(x_i)^\top \phi(x_j)$ に置き換えることで,明示的に $\phi(x)$ を計算することなく複雑なモデルが実現できます.ただし,どんな関数でもカーネル関数として用いることができるわけではありません.ここでは,どのような関数であればカーネル関数として用いることができるのか,またカーネル関数に対してどのような操作をすることができるのかを述べます.本書では触れませんが,カーネル関数は学習における正則化と理論的に深いかかわりがあります.興味のある読者は,文献 [4,5] を参照してください.

5.1.1 マーサーの定理

ある関数 $K(\boldsymbol{x}_i, \boldsymbol{x}_j)$ がカーネル関数であるためには，任意の入力 $\boldsymbol{x}_i, \boldsymbol{x}_j$ に対して何らかの特徴空間 $\mathcal{F}$ 上の内積 $\boldsymbol{\phi}(\boldsymbol{x}_i)^\top \boldsymbol{\phi}(\boldsymbol{x}_j)$ と対応している必要があります．まずは簡単のため，特徴ベクトルの空間 $\mathcal{X}$ が有限個の要素しか持たない場合を考えます．この要素の数を m とすると $\mathcal{X} = \{\boldsymbol{x}_1, \ldots, \boldsymbol{x}_m\}$ と表現できます．関数 $K(\boldsymbol{x}_i, \boldsymbol{x}_j)$ の各値を要素とする行列 $\boldsymbol{K} \in \mathbb{R}^{m \times m}$ を考えます．このとき，$K(\boldsymbol{x}_i, \boldsymbol{x}_j)$ がカーネル関数であるためには，$\boldsymbol{K}$ が半正定値行列であればよいことが知られています．半正定値行列とは非負の固有値を持つ行列です．$\boldsymbol{K}$ の固有ベクトルを並べた行列を $\boldsymbol{V}$，固有値 $\lambda_i \geq 0, i \in [m]$ を対角に並べた対角行列を $\boldsymbol{\Lambda}$ とすると，固有値分解は $\boldsymbol{K} = \boldsymbol{V}\boldsymbol{\Lambda}\boldsymbol{V}^\top$ となります．このとき，$\boldsymbol{K}$ の i, j 要素である $K(\boldsymbol{x}_i, \boldsymbol{x}_j)$ は次のように表されます．

$$K(\boldsymbol{x}_i, \boldsymbol{x}_j) = \sum_{k \in [m]} \lambda_k V_{i,k} V_{j,k}$$

これは以下のように $\boldsymbol{\phi}$ を定義した場合の内積だと解釈することができます．

$$\boldsymbol{\phi}(\boldsymbol{x}_i) = \boldsymbol{\Lambda}^{\frac{1}{2}} \boldsymbol{V}_{i,\cdot}^\top$$

ただし，$\boldsymbol{\Lambda}^{\frac{1}{2}}$ は $\sqrt{\lambda_i}$ を対角要素とする対角行列であり，$\boldsymbol{V}_{i,\cdot}$ は $\boldsymbol{V}$ の i 行目です．行列の半正定値性より固有値 $\lambda_i \geq 0$ であるため，実数値 $\sqrt{\lambda_i}$ が存在します．これによって有限個の要素からなる $\mathcal{X}$ では，カーネル行列 $\boldsymbol{K}$ が半正定値であれば，個々の要素 $K(x_i, x_j)$ に対応する内積 $\boldsymbol{\phi}(\boldsymbol{x})^\top \boldsymbol{\phi}(\boldsymbol{x})$ が存在することになり，カーネル関数とみなすことができることが確かめられました．

より一般的な無限個の要素を持ち得る特徴ベクトルの空間 $\mathcal{X}$ を考える場合には，関数解析の知識が必要になるためここでは詳細は省きますが，以下の**マーサーの定理**（**Mercer's theorem**）がカーネル関数であるための一般的な必要十分条件として知られています．

> **定理 5.1（マーサーの定理）**
>
> 連続対称かつ二乗可積分な関数 $K(\boldsymbol{x}, \boldsymbol{x}')$ が固有値 $\lambda_i \geq 0$ と固有関数 $\boldsymbol{\phi}_i$ に対して以下の展開
>
> $$K(\boldsymbol{x}, \boldsymbol{x}') = \sum_{i=1}^{\infty} \lambda_i \boldsymbol{\phi}_i(\boldsymbol{x}) \boldsymbol{\phi}_i(\boldsymbol{x}')$$
>
> を持つための必要十分条件は，任意の二乗可積分な関数 g に対して以下の条件が成立することです．
>
> $$\int_{\mathcal{X} \times \mathcal{X}} K(\boldsymbol{x}, \boldsymbol{x}') g(\boldsymbol{x}) g(\boldsymbol{x}') d\boldsymbol{x} d\boldsymbol{x}' \geq 0$$

5.1.2　カーネル関数への操作

マーサーの定理を満たしていれば，どのような関数でもカーネル関数として用いることができます．以下に基本的なカーネル関数の形と，カーネル関数から新たなカーネル関数を導く汎用的な操作を紹介します．

- 対称半正定値行列 $\boldsymbol{B}$ に対して，以下はカーネル関数となります．
$$K(\boldsymbol{x}_i, \boldsymbol{x}_j) = \boldsymbol{x}_i^\top \boldsymbol{B} \boldsymbol{x}_j$$

- 関数 $g(\boldsymbol{x})$ を $\mathcal{X}$ 上の実数値関数とすると，以下はカーネル関数となります．
$$K(\boldsymbol{x}_i, \boldsymbol{x}_j) = g(\boldsymbol{x}_i) g(\boldsymbol{x}_j)$$

- $K_1(\boldsymbol{x}_i, \boldsymbol{x}_j)$ と $K_2(\boldsymbol{x}_i, \boldsymbol{x}_j)$ をマーサーの定理を満たすカーネル関数，$a \geq 0$ を任意のスカラー変数とすると，以下はすべてカーネル関数となります．
$$K(\boldsymbol{x}_i, \boldsymbol{x}_j) = K_1(\boldsymbol{x}_i, \boldsymbol{x}_j) + K_2(\boldsymbol{x}_i, \boldsymbol{x}_j)$$
$$K(\boldsymbol{x}_i, \boldsymbol{x}_j) = a K_1(\boldsymbol{x}_i, \boldsymbol{x}_j)$$

$$K(\boldsymbol{x}_i, \boldsymbol{x}_j) = K_1(\boldsymbol{x}_i, \boldsymbol{x}_j) K_2(\boldsymbol{x}_i, \boldsymbol{x}_j)$$

また，この性質からカーネル関数 $K(\boldsymbol{x}_i, \boldsymbol{x}_j)$ による正係数の多項式もカーネル関数になることがわかります．そのため，指数関数 exp のような，正係数の多項式を用いて任意精度で近似できる関数を $K(\boldsymbol{x}_i, \boldsymbol{x}_j)$ に適用してもカーネル関数となることが知られています．

5.2　いろいろなカーネル関数

カーネル関数を変化させることで，学習されるモデルはまったく違ってきます．これまでに用途に応じて多様なカーネル関数が提案されてきました．本節では，はじめに非常に頻繁に用いられる基本的なカーネル関数を紹介し，その後，応用的な話題として確率モデルに基づくカーネル関数，文字列のためのカーネル関数，グラフのためのカーネル関数を紹介します．応用部分はやや複雑な箇所もありますが，各々はほぼ独立しており興味のある話題以外をとばしても差し支えはありません．本書では扱っていない実装上の計算的な側面に関しては文献 [13] が詳しいです．

5.2.1　基本的なカーネル関数

非常に頻繁に用いられる基本的なカーネル関数として以下が挙げられます．

$$\text{線形カーネル：} \quad K(\boldsymbol{x}_i, \boldsymbol{x}_j) = \boldsymbol{x}_i^\top \boldsymbol{x}_j$$
$$\text{多項式カーネル：} \quad K(\boldsymbol{x}_i, \boldsymbol{x}_j) = (\boldsymbol{x}_i^\top \boldsymbol{x}_j + c)^d$$
$$\textbf{RBF}\text{ カーネル：} \quad K(\boldsymbol{x}_i, \boldsymbol{x}_j) = \exp\left(-\gamma \|\boldsymbol{x}_i - \boldsymbol{x}_j\|^2\right)$$

ただし，$c \in \mathbb{R}^+$, 自然数 d, $\gamma \in \mathbb{R}^+$ は事前設定が必要なハイパーパラメータです．線形カーネルは $\boldsymbol{\phi}(\boldsymbol{x}_i) = \boldsymbol{x}_i$ とした場合に導かれる単純なカーネル関数ですが，シンプルなモデルが望ましいときにはよく用いられます．多項式カーネルと RBF カーネルはいずれも非線形なモデルを実現することができます．これらのカーネル関数はパラメータによってさらにモデルの複雑度を調節できるので，多くの場合は交差検証法などを用いてデータに適応的に

定めます．

5.2.2 確率モデルに基づくカーネル関数

カーネル関数の設計において入力空間 $\mathcal{X}$ の確率分布を反映して定義するという考え方があります．そのような方法の一つに**フィッシャーカーネル**（**Fisher kernel**）があります．パラメータ $\boldsymbol{\theta} = (\theta_1, \ldots, \theta_r)^\top$ を持つ生成分布 $p(\boldsymbol{x} \mid \boldsymbol{\theta})$ を考えます．分布は任意ですが $\boldsymbol{\theta}$ に関して確率密度関数が微分可能である必要があります．また，$\boldsymbol{\theta}$ は最尤推定などを用いて適当に定めるとします．$p(\boldsymbol{x} \mid \boldsymbol{\theta})$ の対数確率を $\boldsymbol{\theta}$ に関して微分したフィッシャースコアと呼ばれる値を $\boldsymbol{U_x}$ として定義します．

$$\boldsymbol{U_x} = \frac{\partial}{\partial \boldsymbol{\theta}} \log p(\boldsymbol{x} \mid \boldsymbol{\theta})$$

フィッシャースコアはある特徴ベクトル $\boldsymbol{x}$ を生成する分布のパラメータ $\boldsymbol{\theta}$ の勾配によって表現していると捉えることができます．ここでは詳細な導出は省略しますが，確率分布のパラメータである $\boldsymbol{\theta}$ に対して，確率モデルの作る**多様体**（**manifold**）上で自然な計量を用いると，以下のカーネル関数が導かれます．

$$K(\boldsymbol{x}_i, \boldsymbol{x}_j) = \boldsymbol{U}_{\boldsymbol{x}_i}^\top \boldsymbol{I}_\theta^{-1} \boldsymbol{U}_{\boldsymbol{x}_j}$$

ただし，$\boldsymbol{I}_\theta$ は以下のフィッシャー情報行列（**Fisher information matrix**）とします．

$$\boldsymbol{I}_\theta = \mathbb{E}_X[\boldsymbol{U}_X \boldsymbol{U}_X^\top]$$

確率モデルと計量の関係については**情報幾何**（**information geometry**）と呼ばれる理論で扱われるので，詳細は関連する文献を参照してください[24]．計算を簡単にするためにフィッシャー情報行列 $\boldsymbol{I}_\theta$ を単位行列に置き換えて，以下のカーネルを用いることもあります．

$$K(\boldsymbol{x}_i, \boldsymbol{x}_j) = \boldsymbol{U}_{\boldsymbol{x}_i}^\top \boldsymbol{U}_{\boldsymbol{x}_j}$$

確率分布が指数分布族であった場合を例に，フィッシャーカーネルの直感的な解釈を考えます．指数分布族の密度関数は以下のように表現できます．

$$p(\boldsymbol{x} \mid \boldsymbol{\theta}) = \exp(\boldsymbol{\theta}^\top \boldsymbol{s}(\boldsymbol{x}) + \psi(\boldsymbol{\theta}))$$

ただし，$s(x)$ は x の関数で $\boldsymbol{\theta}$ と同じ次元のベクトルとし，$\psi(\boldsymbol{\theta})$ は x に依存しない正規化の項とします．確率密度関数 $p(x \mid \boldsymbol{\theta})$ は $s(x)$ を通してのみ入力 x に依存しており，$s(x)$ が確率密度関数と確率変数の関係を決定づけていることがわかります．この $s(x)$ は**十分統計量**（**sufficient statistic**）とも呼ばれ，一般に確率分布のパラメータの推定を行う際には十分統計量がわかればよいとされます．指数分布族のフィッシャースコアを考えると，この十分統計量が以下のように現れます．

$$U_x = s(x) + \frac{\partial}{\partial \boldsymbol{\theta}} \psi(\boldsymbol{\theta})$$

第 2 項の $\frac{\partial}{\partial \boldsymbol{\theta}} \psi(\boldsymbol{\theta})$ が x に依存していないことに注意してください．そのため指数分布族の場合，フィッシャーカーネルの定める特徴量は十分統計量によって定まっているとも解釈できます．フィッシャーカーネルは隠れマルコフモデルなどより複雑な確率モデルに対して適用されることが多いですが，そのような場合でも確率モデルの構造を反映していると考えられています．

5.2.3 文字列のためのカーネル関数

自然言語やタンパク質のアミノ酸の並びなど文字列や配列として表現されるデータは数多くあります．SVM はカーネル関数を定義することさえできれば，そのような文字列を入力として持つ問題に対しても適用することができます．ここでは，入力の空間 $\mathcal{X}$ として，有限長の文字列の集合を考えます．文字列を構成する個々の文字は集合 $\mathcal{A}$ に含まれるものとします．ある文字列 s の長さを $|s|$ と表記し，ベクトル同様に添字を右下につけて個々の要素を参照します[*1]．また，$\mathcal{A}^p$ として長さ p の文字列の集合を表現することとします．以下では，p-スペクトラムカーネル，全部分列カーネル，ギャップ重み付き部分列カーネルを紹介します．これらはそれぞれ異なる方法で二つの文字列が共有する部分列を数えることでカーネル関数を定義します．この数え上げを効率よく行うためには動的計画法に基づく方法がよく用いられますが，本書では計算法は省略し，各カーネル関数が文字列のどのような特徴から導かれるかを紹介します．

[*1] 例えば，$s = $ cat なら，$|s| = 3$ であり，$s_1 = $ c, $s_2 = $ a, $s_3 = $ t となります．

(1) p-スペクトラムカーネル

p-スペクトラムカーネル（**p-spectrum kernel**）では与えられた二つの文字列が共有している長さ p の部分文字列の頻度を調べます．ここでの部分文字列とは，文字列のなかで連続する p 個の文字であるとします．表 5.1 は文字列 "estimation" と "optimization" での長さ $p = 3$ の部分文字列の一覧です．ある部分文字列 u の文字列 s 内での出現回数を $\phi_u(s)$ と表記することとします．p-スペクトラムカーネルを定義する写像 ϕ は，すべての長さ p の部分文字列に対する ϕ_u を並べることで定義されます．

$$\phi(s) = (\phi_u(s))_{u \in \mathcal{A}^p}$$

ただし，$(\phi_u(s))_{u \in \mathcal{A}^p}$ は $\mathcal{A}^p$ の各要素 u に対応する $\phi_u(s)$ を並べたベクトルとします．この特徴写像の内積が p-スペクトラムカーネルです．また，u の出現回数でなく，単に出現の有無を 0 と 1 で表現する場合もあります．あり得る長さ p の文字列の空間 $\mathcal{A}^p$ は膨大になる場合もありますが，実際に $\phi_p(x)$ 中で値を持ち得る要素数はたかだか $|s| - p + 1$ となります．

(2) 全部分列カーネル

全部分列カーネル（**all-subsequence kernel**）は文字列中のすべての部分列の出現回数に注目します．ここで部分列（subsequence）は部分文字列（substring）と違い，文字列中で連続していなくてもよいとします．昇順に並んだ p 個の添字を $\boldsymbol{i} = (i_1, \ldots, i_p)$ とし（つまり，$i_1 < i_2 < \ldots < i_p$），この添字に対応する文字による文字列を $s_{\boldsymbol{i}}$ と表記します．ここでは，特徴写像の要素を文字列 u を部分列としていくつ含んでいるかで定義します．

$$\phi_u(s) = |\{\boldsymbol{i} \mid u = s_{\boldsymbol{i}}\}|$$

任意の長さの文字列の集合を $\mathcal{A}^* = \cup_{p=0}^{\infty} \mathcal{A}^p$ と表記すると，全部分列カーネルの特徴写像は次式で表されます．

表 5.1 二つの文字列 "estimation" と "optimization" 内の長さ $p = 3$ のすべての部分文字列．四つの部分文字列 "tim"，"ati"，"tio"，"ion" が二つの文字列間で共有されている．

文字列	部分文字列（$p = 3$）
estimation	"est", "sti", "tim", "ima", "mat", "ati", "tio", "ion"
optimization	"opt", "pti", "tim", "imi", "miz", "iza", "zat", "ati", "tio", "ion"

$$\phi(s) = (\phi_u(s))_{u \in \mathcal{A}^*}$$

表 5.2 にこの特徴写像の例を示します.

表 5.2 二つの文字列 "cat" と "cut" に対する全部部分列 (ε は空文字列を意味します). 表のそれぞれの行が全部分文字列カーネルの作る特徴写像 $\phi(s)$ に対応します.

	ε	a	c	u	t	at	ca	ct	cu	ut	cat	cut
cat	1	1	1	0	1	1	1	1	0	0	1	0
cut	1	0	1	1	1	0	0	1	1	1	0	1

(3) ギャップ重み付き部分列カーネル

全部分列カーネルは部分列がもとの文字列中でどのように配置されていても同じ扱いでした. 部分列がもとの文字列中でどれだけギャップを含んでいるかで重みを変える方法が知られています. もとの文字列中での部分列 s_i の長さを $\ell(i) = i_{|s|} - i_1 + 1$ と表記します. このとき, 重みパラメータ $\lambda \in (0, 1)$ を用いて, 特徴写像を以下で定義します.

$$\phi_u(s) = \sum_{i \in \{i | u = s(i)\}} \lambda^{\ell(i)}$$

この特徴写像では長さ $\ell(i)$ が大きい (つまりギャップを多く含んでいる) ほど係数が小さくなるようになっていますので, i の長さが同じなら, もとの文字列 x 上で近くに集まっている方が大きな影響力を持つことになります. ここでは, 再び長さ p の部分列のみに限って考えます. このとき特徴写像は次式で表されます.

$$\phi(s) = (\phi_u(s))_{u \in \mathcal{A}^p}$$

表 5.3 に $p = 2$ での例を示します. この特徴写像の内積が導くカーネル関数をギャップ重み付き部分列カーネル (**gap-weighted subsequence kernel**) と呼びます.

$$K_p(s, t) = \sum_{u \in \mathcal{A}^p} \sum_{i \in \{i | u = s(i)\}} \lambda^{\ell(i)} \sum_{j \in \{j | u = t(j)\}} \lambda^{\ell(j)}$$

表 5.3 部分列に対するギャップ重みの例（長さ $p=2$）．係数 λ の肩の指数部分がもとの文字列中での長さに対応します．

	at	ca	ct	cu	ut
cat	λ^2	λ^2	λ^3	0	0
cut	0	0	λ^3	λ^2	λ^2

$$= \sum_{u \in \mathcal{A}^p} \sum_{i \in \{i|u=s(i)\}} \sum_{j \in \{j|u=t(j)\}} \lambda^{\ell(i)+\ell(j)}$$

このカーネルは $\lambda = 1$ で長さ p のすべての部分列を同じ重みで考えていることになるため，全部分列カーネルの一部だと考えることができます．逆に，λ が小さな値のときは，$\lambda^{\ell(i)+\ell(j)}$ が $\ell(i)+\ell(j)$ とともに急速に小さくなるため，p-スペクトラムカーネルに近づきます．

5.2.4 グラフのためのカーネル関数

構造を持つデータを表現する方法として**グラフ**（**graph**）がよく用いられます．グラフは頂点と辺の集合によって定義されます．例えば，ウェブページのリンク構造は個々のページを頂点，ハイパーリンクを辺として捉えることができ，化合物を構成する分子を頂点とし結合を辺として捉えることもできます．ここでは単にグラフとした場合，辺に向きのない無向グラフを考えることとします．このとき，頂点の数が m のグラフ G は頂点集合 $\mathcal{V} = [m]$ と辺集合 $\mathcal{E} = \{(i,j) \mid i,j \in [m]\}$ の組として表現できます．また，頂点から自分自身への辺（自己ループ）は存在しないこととします．グラフを行列で表現する以下の**隣接行列**（**adjacency matrix**）もよく用いられます．

$$W_{i,j} = \begin{cases} 1 & (i,j) \in \mathcal{E} \text{ の場合} \\ 0 & \text{その他の場合} \end{cases}$$

図 5.1 はグラフとその隣接行列の例です．頂点間の類似度の情報がある場合などには，辺を持つ $W_{i,j}$ に非負の実数値の重みを与えることもあります．

(1) 頂点間のカーネル

まず一つのグラフが入力として与えられ，その各頂点が一つの事例に対応する場合を考えます．例えば，タンパク質のネットワーク上でタンパク質の

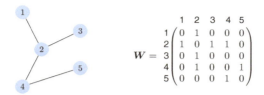

図 5.1 グラフとその隣接行列の例．このグラフは五つの頂点 $\mathcal{V} = \{1,\ldots,5\}$ と四つの辺 $\mathcal{E} = \{(1,2),(2,3),(2,4),(4,5)\}$ からなっています．

機能を予測する問題を考えると，各頂点に対応するタンパク質の機能カテゴリをラベルとして，機能既知のタンパク質から機能未知のタンパク質の機能カテゴリを予測する問題として定式化できます．このような場合，一つの頂点が一つの事例であるため，任意の二つの頂点に対して定義されるカーネル関数が必要となります．

グラフ上での学習を考える場合には，**グラフラプラシアン**（**graph Laplacian**）という以下の行列がよく用いられます．

$$L = D - W$$

ただし，D は $\sum_j W_{i,j}$ を対角要素に持つ対角行列とします．ここで用いられる隣接行列は辺に重みのついたものでも構いません．グラフラプラシアンの二次形式を展開すると，半正定値性が確かめられます．

$$f^\top L f = \frac{1}{2} \sum_{i,j \in [n]} W_{i,j}(f_i - f_j)^2 \geq 0$$

ただし，f は任意の実数ベクトルとします．この式の値は，辺でつながっている i と j に対して f_i と f_j の差が小さいほど小さくなります．これはグラフラプラシアンの二次形式がベクトル f の各要素 f_i をグラフの各頂点に対応づけたときに，$\{f_i\}_{i \in [n]}$ がグラフ上でどの程度滑らかに変化しているかを表現していることを意味します．グラフラプラシアンの固有ベクトルを考えることで，グラフ上での滑らかさを表現する成分を抽出することができます．これは i 番目の固有ベクトル u_i が以下の最適化問題の解であることから確認できます．

$$\min_{\boldsymbol{f}} \boldsymbol{f}^\top \boldsymbol{L} \boldsymbol{f}$$
$$\text{s.t. } \boldsymbol{f}^\top \boldsymbol{f} = 1$$
$$\boldsymbol{u}_j^\top \boldsymbol{f} = 0, \ j \in [i-1]$$

ただし，$i=1$ の場合（つまり最小固有値）には，$\boldsymbol{u}_j^\top \boldsymbol{f} = 0, \ j \in [i-1]$ の制約は存在しないこととします．最初の固有ベクトル $\boldsymbol{u}_1$ は定数ベクトル $\boldsymbol{u}_1 = \boldsymbol{1}/\|\boldsymbol{1}\|$ です．これは $\boldsymbol{u}_1^\top \boldsymbol{L} \boldsymbol{u}_1 = 0$ となるため，明らかに最小であることがわかります．以下の固有ベクトル $\boldsymbol{u}_i$ は $\boldsymbol{u}_j, j \in [i-1]$ と直交する空間のなかで二次形式 $\boldsymbol{f}^\top \boldsymbol{L} \boldsymbol{f}$ を最小化する（つまりグラフ上で滑らかに変化する）ベクトルとなります．グラフラプラシアンからカーネルを導く場合には，この固有値分解からカーネル行列を定義することができます．i 番目の固有値を λ_i, $r : \mathbb{R}_+ \to \mathbb{R}_+$ を適当な単調減少関数としてグラフの頂点に関するカーネル行列 $\boldsymbol{K}$ を次式で定義します．

$$\boldsymbol{K} = \sum_{i \in [n]} r(\lambda_i) \boldsymbol{u}_i \boldsymbol{u}_i^\top$$

関数 r は単調減少関数ですので，小さい固有値に対応するグラフ上で滑らかな成分ほどカーネル行列に強く影響します．また，このカーネル行列は明らかに半正定値です．関数 r としては以下がよく用いられます．

$$\text{正則化ラプラシアン：} \ r(\lambda) = \frac{1}{\lambda + \varepsilon}$$
$$\text{拡散カーネル：} \ r(\lambda) = \exp\left(-\frac{\sigma^2}{2}\lambda\right)$$
$$\text{通勤時間カーネル：} \ r(\lambda) = \begin{cases} 0 & \lambda = 0 \text{ の場合} \\ \frac{1}{\lambda} & \lambda \neq 0 \text{ の場合} \end{cases}$$

ただし，$\varepsilon \in \mathbb{R}_{++}$ と $\sigma \in \mathbb{R}_{++}$ はハイパーパラメータです．通勤時間カーネルだけは $\lambda = 0$ に関して r が単調減少ではありませんが，非零の固有値に対応する成分についてはやはり減少関数となっています．またグラフラプラシアンについては正規化を施した次式が用いられる場合もあります．

$$\boldsymbol{L} = \boldsymbol{I} - \boldsymbol{D}^{-1/2} \boldsymbol{W} \boldsymbol{D}^{-1/2}$$

この場合，グラフラプラシアン L の対角要素が 1 に正規化されます．

(2) グラフ間のカーネル

入力の空間 $\mathcal{X}$ の各要素一つ一つがグラフである場合を考えます．例えば，化合物の分子構造をグラフとして表現し，化合物の持つ毒性などの性質を予測する問題があります．このような問題では，与えられた二つのグラフに対してカーネル関数が定義される必要があります．最も単純な方法は二つのグラフが同型かどうかに基づくものです．グラフの各頂点を区別しない場合，添字を並べ替えることで二つのグラフが完全に一致するなら二つのグラフは同型だと定義されます．例えば，特徴写像 $\phi(G)$ の要素 $\phi_H(G)$ としてグラフ G があるグラフ $H \in \mathcal{X}$ と同型な部分グラフをいくつ含むかを使って定義する方法が考えられます．しかし，グラフの同型性の判定は NP 完全であることが知られており，この方法に必要な計算量は非常に大きくなってしまいます．そこで，より簡単に計算できるカーネル関数の研究が盛んに行われてきました．ここでは，グラフ上の**ウォーク**（**walk**）に基づく方法を紹介します．

グラフ上のウォークとは文字通りグラフの上を辺を辿って歩くようにして移動することを指し，そのときに通った頂点と辺の列として表現できます．ここでは，グラフの頂点と辺にラベルが付随している場合を考えます．例えば，化合物を構成する分子の種類や結合の種類がラベルになり得ます．このとき，グラフ上のウォークはラベルの列として表現することができるので，二つのグラフ上のウォークが生成するラベル系列に対するカーネル関数によってグラフ間のカーネル関数を定義できます．任意のラベル系列を s とし，グラフ G に対する特徴写像 $\phi(G)$ を，各ラベル系列に対して定義される特徴写像の要素 $\phi_s(G)$ によって構成することを考えます．グラフ上のウォークを w と表現し，ウォークに依存する重みパラメータ $\lambda(w)$ を導入して，$\phi_s(G)$ を以下のように定義してみます．

$$\phi_s(G) = \sum_{w \in \mathcal{W}(G)} \sqrt{\lambda(w)} I(s(w) = s)$$

ただし，$\mathcal{W}(G)$ はグラフ G のウォークの集合であり，$s(w)$ はウォーク w の生成するラベル系列とします．二つのグラフ G_1 と G_2 に対して，この特徴写像によるカーネル関数はあり得るラベル系列の集合 $\mathcal{S}$ に関する和として

と表現できますが，整理するとあり得るウォークの和として表現することもできます．

$$K(G_1, G_2) = \sum_{w \in \mathcal{W}(G_1) \cap \mathcal{W}(G_2)} \lambda(w)$$

ただし，一般にウォークは長さに制限がなく無限に存在するため，計算が可能かどうかは $\lambda(w)$ の決め方に依存します．例えば，$\lambda(w)$ を $s(w)$ の長さが ℓ であれば 1，そうでなければ 0 とすると，長さが ℓ のウォークだけの和となり，これは計算が可能です．あるいは $\lambda(w)$ をその長さ ℓ が大きくなるにつれ減衰するように設定すると，無限級数が収束する値を計算できる場合もあります．グラフ上のウォークに確率的な遷移を導入した**ランダムウォーク（random walk）**をカーネル関数に組み込むことも可能です．この場合，$\lambda(w)$ は w のグラフ上での遷移確率に応じて定まります．一連のグラフ上のカーネルの計算は入力となる二つのグラフに対して**直積グラフ（direct product graph）**というグラフから得られる隣接行列を用いると統一的に表現できることが知られています．これに関しては文献 [14] に詳しく述べられています．

上部の式:
$$K(G_1, G_2) = \sum_{s \in \mathcal{S}} \phi_s(G_1) \phi_s(G_2)$$

Chapter 6

最適化概論：
最適性条件と汎用的解法

本章では，SVMにおいて解の最適性を特徴づける条件を紹介します．このような条件は最適化問題を解くにあたって計算された解が最適かどうかを確かめることに利用できます．また，数値最適化分野の汎用的な解法であるアクティブセット法と内点法によってSV分類の最適化問題を解く方法について述べます．

6.1 はじめに

ここまでの章で学んだSV分類やSV回帰などの手法はすべて**数値最適化問題**（numerical optimization problem）として定式化されていました．SVMの場合，通常は解析的に解を得ることはできず，適当な初期値から開始して解を探索する反復計算を行う必要があります．本章では，SVMの最適化問題において解の最適性がどのように定められるのか，また標準的な最適法によって解を得るにはどのようにすればよいかを述べます．最も基本的な形となる2クラスSV分類の場合を扱いますが，回帰などについてもほとんど同様の取り扱いが可能です．

サポートベクトルマシンの最適化問題は目的関数が凸な2次関数，制約条件が1次関数によって構成される**凸2次最適化問題**（convex quadratic optimization problem）と呼ばれる種類の問題です．2クラスSV分類の

主問題は以下のように定義されていました.

$$\min_{\boldsymbol{w},b,\boldsymbol{\xi}} \frac{1}{2}\|\boldsymbol{w}\|^2 + C\sum_{i\in[n]}\xi_i$$
$$\text{s.t.} \ -\left(y_i(\boldsymbol{w}^\top\boldsymbol{\phi}(\boldsymbol{x}_i)+b)-1+\xi_i\right) \leq 0, \ i\in[n]$$
$$-\xi_i \leq 0, \ i\in[n]$$

また,$y_iy_jK(\boldsymbol{x}_i,\boldsymbol{x}_j)$を$i,j$要素に持つ行列を$\boldsymbol{Q}\in\mathbb{R}^{n\times n}$として定義すると,双対問題 (1.24) は以下のようにベクトル表記できます.

$$\begin{aligned}\max_{\boldsymbol{\alpha}} \ &-\frac{1}{2}\boldsymbol{\alpha}^\top\boldsymbol{Q}\boldsymbol{\alpha} + \boldsymbol{1}^\top\boldsymbol{\alpha}\\ \text{s.t.} \ &\boldsymbol{y}^\top\boldsymbol{\alpha} = 0\\ &\boldsymbol{0} \leq \boldsymbol{\alpha} \leq C\boldsymbol{1}\end{aligned} \tag{6.1}$$

ここで,$\boldsymbol{1}$は1をn個並べたベクトルであり,$\boldsymbol{y}=(y_1,\ldots,y_n)^\top$とします.

6.2 最適性条件

SVM の解の最適性を考えるうえでは**強双対性**(**strong duality**)と**カルーシュ・クーン・タッカー条件**(**Karush-Kuhn-Tucker condition**)(以下 KKT 条件)が重要な役割を果たします.ここではこれらの性質について述べますが,数学的な詳細に興味がない場合には証明部分はとばしても,その後の理解に差し支えることはありません.

表記を簡単化するため,ここでは目的関数と制約条件の式を以下のように定義しておきます.

$$\mathcal{P}(\boldsymbol{\theta}) = \frac{1}{2}\|\boldsymbol{w}\|^2 + C\sum_{i\in[n]}\xi_i$$
$$c_i(\boldsymbol{\theta}) = \begin{cases} -\left(y_i(\boldsymbol{w}^\top\boldsymbol{x}_i+b)-1+\xi_i\right), \ i\in[n] \\ -\xi_{i-n}, \ i=n+1,\ldots,m \end{cases}$$

ただし,$m=2n$,$\boldsymbol{\theta}=(\boldsymbol{w}^\top,b,\boldsymbol{\xi}^\top)^\top$とします.このとき主問題は以下のように簡潔に表記できます.

$$\min_{\boldsymbol{\theta}} \mathcal{P}(\boldsymbol{\theta})$$
$$\text{s.t. } c_i(\boldsymbol{\theta}) \leq 0, \ i \in [m]$$

さらに,双対変数をまとめて $\boldsymbol{\lambda} = (\boldsymbol{\alpha}^\top, \boldsymbol{\mu}^\top)^\top$ とすると,ラグランジュ関数は以下のように記述できます.

$$L(\boldsymbol{\theta}, \boldsymbol{\lambda}) = \mathcal{P}(\boldsymbol{\theta}) + \boldsymbol{\lambda}^\top \boldsymbol{c}(\boldsymbol{\theta})$$

ただし,$\boldsymbol{c}(\boldsymbol{\theta})$ は $c_i(\boldsymbol{\theta})$ を並べたベクトルとします.また,双対問題の目的関数値を $\mathcal{D}(\boldsymbol{\lambda})$ と表記します.

$$\mathcal{D}(\boldsymbol{\lambda}) = \min_{\boldsymbol{\theta}} L(\boldsymbol{\theta}, \boldsymbol{\lambda})$$

1.3 節で導出したように,これは双対問題 (6.1) の目的関数値と等価です.

まず,強双対性について考えます.この性質は主問題と双対問題の最適値の関係性を与えます.

定理 6.1(強双対性)

SV 分類の最適な主変数を $\boldsymbol{\theta}^*$ とし,双対変数を $\boldsymbol{\lambda}^*$ とすると,以下の等式が成立します.

$$\mathcal{P}(\boldsymbol{\theta}^*) = \mathcal{D}(\boldsymbol{\lambda}^*)$$

証明

任意の $\boldsymbol{\theta}$ に対して,以下の集合 $\mathcal{U}$ と $\mathcal{L}$ を定義します.

$$\mathcal{U} = \left\{ (z_0, \boldsymbol{z}) \in \mathbb{R}^{1+m} \mid z_0 \geq \mathcal{P}(\boldsymbol{\theta}), \boldsymbol{z} \geq \boldsymbol{c}(\boldsymbol{\theta}) \right\}$$
$$\mathcal{L} = \left\{ (z_0, \boldsymbol{z}) \in \mathbb{R}^{1+m} \mid z_0 < \mathcal{P}(\boldsymbol{\theta}^*), \boldsymbol{z} = \boldsymbol{0} \right\}$$

目的関数と制約条件の凸性より $\mathcal{U}$ と $\mathcal{L}$ はともに凸集合であり,かつ,共通部分を持たないため(**図 6.1**),互いを分離する超平面が存在します[*1].これは,

---

[*1] これは分離定理と呼ばれる定理です.厳密な証明は凸解析のテキスト [22] を参照してください.

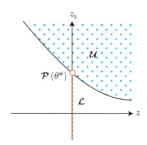

図 6.1 集合 $\mathcal{U}$ と $\mathcal{L}$ の概念図.

任意の 2 点 $(z_0, \boldsymbol{z}) \in \mathcal{U}$, $(z_0', \boldsymbol{z}') \in \mathcal{L}$ に対して,以下を満たす $(\widetilde{\lambda}_0, \widetilde{\boldsymbol{\lambda}}) \neq \boldsymbol{0}$ が存在することを意味します.

$$\widetilde{\lambda}_0 z_0 + \widetilde{\boldsymbol{\lambda}}^\top \boldsymbol{z} \geq \widetilde{\lambda}_0 z_0' + \widetilde{\boldsymbol{\lambda}}^\top \boldsymbol{z}'$$

このとき,もし $(\widetilde{\lambda}_0, \widetilde{\boldsymbol{\lambda}})$ が 0 より小さい要素を含んでいると,$\mathcal{U}$ 内の点の選び方によって左辺がどこまでも小さくなれてしまうため $(\widetilde{\lambda}_0, \widetilde{\boldsymbol{\lambda}}) \geq \boldsymbol{0}$ であることがわかります.さらに,$\lambda_0 > 0$ を仮定すると,$\boldsymbol{z}' = \boldsymbol{0}$ から以下の関係を得ます.

$$z_0 + \frac{1}{\widetilde{\lambda}_0} \widetilde{\boldsymbol{\lambda}}^\top \boldsymbol{z} \geq z_0'$$

任意の $\varepsilon > 0$ を選んで,上の不等式に $z_0 = \mathcal{P}(\boldsymbol{\theta}), \boldsymbol{z} = \boldsymbol{c}(\boldsymbol{\theta}), z_0' = \mathcal{P}(\boldsymbol{\theta}^*) - \varepsilon$ を代入すると

$$\mathcal{P}(\boldsymbol{\theta}) + \frac{1}{\widetilde{\lambda}_0} \widetilde{\boldsymbol{\lambda}}^\top \boldsymbol{c}(\boldsymbol{\theta}) \geq \mathcal{P}(\boldsymbol{\theta}^*) - \varepsilon$$

となります.さらに,$\varepsilon > 0$ は任意であったため

$$\mathcal{P}(\boldsymbol{\theta}) + \frac{1}{\widetilde{\lambda}_0} \widetilde{\boldsymbol{\lambda}}^\top \boldsymbol{c}(\boldsymbol{\theta}) \geq \mathcal{P}(\boldsymbol{\theta}^*)$$

が成立します.また,非負のベクトル $\frac{1}{\widetilde{\lambda}_0} \widetilde{\boldsymbol{\lambda}}$ を双対変数 $\boldsymbol{\lambda}$ だとみなすと,以下のように表現できます.

$$L(\boldsymbol{\theta}, \frac{1}{\widetilde{\lambda}_0} \widetilde{\boldsymbol{\lambda}}) \geq \mathcal{P}(\boldsymbol{\theta}^*)$$

この不等式は任意の $\boldsymbol{\theta}$ に対するものであり，関数 L を $\boldsymbol{\theta}$ に関して最小化したものが $\mathcal{D}$ であることを考慮すると以下を得ます．

$$\mathcal{D}(\frac{1}{\lambda_0}\widetilde{\boldsymbol{\lambda}}) = \min_{\boldsymbol{\theta}} L(\boldsymbol{\theta}, \frac{1}{\lambda_0}\widetilde{\boldsymbol{\lambda}}) \geq \mathcal{P}(\boldsymbol{\theta}^*)$$

この不等式と弱双対定理 $\mathcal{P}(\boldsymbol{\theta}^*) \geq \mathcal{D}(\boldsymbol{\lambda}^*)$ をあわせると，$\mathcal{D}(\boldsymbol{\lambda}^*) = \mathcal{P}(\boldsymbol{\theta}^*)$ でなければならないことがわかります．また，$\lambda_0 = 0$ の場合を考えると，以下の不等式が成立してなければなりません．

$$\boldsymbol{\lambda}^\top \boldsymbol{c}(\boldsymbol{\theta}) \geq 0$$

任意の $\boldsymbol{\theta}$ でこれが成立するには，$\boldsymbol{\lambda} \geq \boldsymbol{0}$ であり，かつ c_i が1次関数であることを考慮すると，$\boldsymbol{\lambda} = \boldsymbol{0}$ でなければなりません．しかし，このとき $(\lambda_0, \boldsymbol{\lambda}) \neq \boldsymbol{0}$ と矛盾しまうため $\lambda_0 > 0$ といえます． □

この定理は SV 分類において $\mathcal{P}(\boldsymbol{\theta}) = \mathcal{D}(\boldsymbol{\lambda})$ が最適性の必要条件であることを述べています．また，弱双対性 (1.11) によると実行可能解において $\mathcal{P}(\boldsymbol{\theta}) \geq \mathcal{D}(\boldsymbol{\lambda})$ であるため，$\mathcal{P}(\boldsymbol{\theta}) = \mathcal{D}(\boldsymbol{\lambda})$ が十分条件であることもわかります．そのため，**双対ギャップ**（**duality gap**）と呼ばれる $\mathcal{P}(\boldsymbol{\theta})$ と $\mathcal{D}(\boldsymbol{\lambda})$ の差は解の最適性を測る規準としてしばしば用いられます．

$$\mathcal{P}(\boldsymbol{\theta}) - \mathcal{D}(\boldsymbol{\lambda})$$

強双対性が最適性の必要十分条件であったことから，最適であれば双対ギャップは 0 であり，逆に双対ギャップが 0 になっていれば最適解だと保証できるというわけです．

次に KKT 条件が最適性の必要十分条件であることを示します．

> **定理 6.2（KKT 条件）**
>
> 以下の条件が SVM 分類の主変数，双対変数の最適性の必要十分条件となります．
>
> $$\frac{\partial L}{\partial \boldsymbol{w}} = \boldsymbol{w} - \sum_{i \in [n]} \alpha_i y_i \boldsymbol{\phi}(\boldsymbol{x}_i) = \boldsymbol{0} \tag{6.2}$$
>
> $$\frac{\partial L}{\partial b} = -\sum_{i \in [n]} \alpha_i y_i = 0 \tag{6.3}$$
>
> $$\frac{\partial L}{\partial \xi_i} = C - \alpha_i - \mu_i = 0,\ i \in [n] \tag{6.4}$$
>
> $$-\left(y_i(\boldsymbol{w}^\top \boldsymbol{\phi}(\boldsymbol{x}_i) + b) - 1 + \xi_i\right) \leq 0,\ i \in [n] \tag{6.5}$$
>
> $$-\xi_i \leq 0,\ i \in [n] \tag{6.6}$$
>
> $$\alpha_i \geq 0,\ i \in [n] \tag{6.7}$$
>
> $$\mu_i \geq 0,\ i \in [n] \tag{6.8}$$
>
> $$\alpha_i \left(y_i(\boldsymbol{w}^\top \boldsymbol{\phi}(\boldsymbol{x}_i) + b) - 1 + \xi_i\right) = 0,\ i \in [n] \tag{6.9}$$
>
> $$\mu_i \xi_i = 0,\ i \in [n] \tag{6.10}$$

証明

まず必要条件について考えます．式 (6.3)〜(6.7) は主問題と双対問題の制約条件によって最適解では必ず満たされています．最適解は実行可能解ですので $\boldsymbol{c}(\boldsymbol{\theta}^*) \leq 0$ であり，以下の関係が成立します．

$$\mathcal{P}(\boldsymbol{\theta}^*) \geq \mathcal{P}(\boldsymbol{\theta}^*) + \boldsymbol{\lambda}^{*\top} \boldsymbol{c}(\boldsymbol{\theta}^*) = L(\boldsymbol{\theta}^*, \boldsymbol{\lambda}^*) \geq \min_{\boldsymbol{\theta}} L(\boldsymbol{\theta}, \boldsymbol{\lambda}^*) = \mathcal{D}(\boldsymbol{\lambda}^*)$$

強双対性より，左辺と右辺は等しく，結果として以下が導かれます．

$$\boldsymbol{\lambda}^{*\top} \boldsymbol{c}(\boldsymbol{\theta}^*) = 0$$

$\boldsymbol{\lambda}^* \geq 0$, $\boldsymbol{c}(\boldsymbol{\theta}^*) \leq 0$ であるため，相補性条件 (6.9)，(6.10) を得ます．また $L(\boldsymbol{\theta}^*, \boldsymbol{\lambda}^*) = \mathcal{D}(\boldsymbol{\lambda}^*) = \min_{\boldsymbol{\theta}} L(\boldsymbol{\theta}, \boldsymbol{\lambda}^*)$ となるため，$\boldsymbol{w}$ に関する最小化を考え

ると式 (6.2) も成立していることがわかります.

次に，十分条件について考えます．ある $\boldsymbol{\theta}$ と $\boldsymbol{\lambda}$ が条件を満たしているとします．このとき，式 (6.3)〜(6.7) によって $\boldsymbol{\theta}$ と $\boldsymbol{\lambda}$ は主双対問題の制約条件を満たしていることは明らかです．さらに，以下の関係を導くことができます．

$$\mathcal{P}(\boldsymbol{\theta}^*) \leq \mathcal{P}(\boldsymbol{\theta}) = \mathcal{P}(\boldsymbol{\theta}) + \boldsymbol{\lambda}^\top \boldsymbol{c}(\boldsymbol{\theta}) = L(\boldsymbol{\theta}, \boldsymbol{\lambda}) = \mathcal{D}(\boldsymbol{\lambda}) \leq \mathcal{D}(\boldsymbol{\lambda}^*) \quad (6.11)$$

ここで，相補性条件 (6.9), (6.10) より $\boldsymbol{\lambda}^\top \boldsymbol{c}(\boldsymbol{\theta}) = 0$ であること，式 (6.2)〜(6.4) より $L(\boldsymbol{\theta}, \boldsymbol{\lambda}) = \mathcal{D}(\boldsymbol{\lambda})$ が成立することを利用しています．弱双対性より $\mathcal{P}(\boldsymbol{\theta}^*) \geq \mathcal{D}(\boldsymbol{\lambda}^*)$ であるため，関係式 (6.11) が成立するのは以下の場合のみです．

$$\mathcal{P}(\boldsymbol{\theta}^*) = \mathcal{P}(\boldsymbol{\theta}) = \mathcal{D}(\boldsymbol{\lambda}) = \mathcal{D}(\boldsymbol{\lambda}^*)$$

以上で十分条件が確かめられました． □

KKT 条件は式が多く複雑ですが，双対変数による決定関数 $f(\boldsymbol{x}) = \sum_{i \in [n]} \alpha_i y_i K(\boldsymbol{x}_i, \boldsymbol{x}) + b$ を用いると，以下のより簡単な条件で表現することができます．

> **定理 6.3**
>
> 三つの添字集合
>
> $$\mathcal{O} = \{i \in [n] \mid \alpha_i = 0\}$$
> $$\mathcal{M} = \{i \in [n] \mid 0 < \alpha_i < C\}$$
> $$\mathcal{I} = \{i \in [n] \mid \alpha_i = C\}$$
>
> を定義し，$f(\boldsymbol{x}) = \sum_{i \in [n]} \alpha_i y_i K(\boldsymbol{x}_i, \boldsymbol{x}) + b$ とすると，以下の条件がSV分類のKKT条件が成立する必要十分条件となります．
>
> $$y_i f(\boldsymbol{x}_i) \geq 1, \, i \in \mathcal{O} \tag{6.12}$$
> $$y_i f(\boldsymbol{x}_i) = 1, \, i \in \mathcal{M} \tag{6.13}$$
> $$y_i f(\boldsymbol{x}_i) \leq 1, \, i \in \mathcal{I} \tag{6.14}$$
> $$\boldsymbol{y}^\top \boldsymbol{\alpha} = 0 \tag{6.15}$$
> $$\boldsymbol{0} \leq \boldsymbol{\alpha} \leq C\boldsymbol{1} \tag{6.16}$$

証明

まず十分条件について考えます．式 (6.2) については，$\boldsymbol{w} = \sum_{i \in [n]} \alpha_i y_i \boldsymbol{\phi}(\boldsymbol{x}_i)$ を代入して $f(\boldsymbol{x})$ から $\boldsymbol{w}$ を消去しているので，式 (6.2) が満たされていると考えることができます．また，式 (6.15) は式 (6.3) そのものです．式 (6.4) から得られる関係 $\mu_i = C - \alpha_i$ によって μ_i を消去すると，$\mu_i \geq 0$ は $\alpha_i \leq C$ と書き換えることができます．そのため，範囲制約 (6.16) が満たされていれば，式 (6.4) と式 (6.7)〜(6.8) は成立します．不等式制約 (6.5) は $f(\boldsymbol{x})$ を用いると以下のように書き換えられます．

$$-(y_i f(\boldsymbol{x}_i) - 1 + \xi_i) \leq 0, \, i \in [n]$$

この制約と不等式 (6.6) については与えられた $\boldsymbol{\alpha}$ と b に対して制約を満たす $\boldsymbol{\xi}$ を適当に定めることができます．残った相補性条件 (6.9)，(6.10) は以下のように表現できます．

$$\alpha_i(y_i f(\boldsymbol{x}_i) - 1 + \xi_i) = 0, \ i \in [n]$$
$$(C - \alpha_i)\xi_i = 0, \ i \in [n]$$

まず，$\alpha_i = 0$ の場合を考えます．$y_i f(\boldsymbol{x}_i) \geq 1$ であれば，$\xi_i = 0$ とできるため，上のすべての制約が満たします．次に，$0 < \alpha_i < C$ の場合，同じく $y_i f(\boldsymbol{x}_i) = 1$ であれば，$\xi_i = 0$ であり，これも上のすべての条件を満たします．最後に $\alpha_i = C$ の場合，$y_i f(\boldsymbol{x}_i) \geq 1$ であれば，適当な $\xi_i \geq 0$ を定めることで条件を満たすことがわかります．

次に必要条件を考えます．KKT 条件が成立している場合，式 (6.15) と式 (6.16) は明らかに成立します．残りの条件のうちまず，$\alpha_i = 0$ の場合を考えます．このとき，$(C - \alpha_i)\xi_i = 0$ より，$\xi_i = 0$ が導かれ，結果 $y_i f(\boldsymbol{x}_i) \geq 1$ となります．次に，$0 < \alpha_i < C$ の場合，同じく $(C - \alpha_i)\xi_i = 0$ より，$\xi_i = 0$ が導かれ，また $\alpha_i(y_i f(\boldsymbol{x}_i) - 1 + \xi_i) = 0$ と合わせて $y_i f(\boldsymbol{x}_i) = 1$ が得られます．最後に，$\alpha_i = C$ の場合，$\alpha_i(y_i f(\boldsymbol{x}_i) - 1 + \xi_i) = 0$ より，$y_i f(\boldsymbol{x}_i) - 1 + \xi_i = 0$ が得られ，$y_i f(\boldsymbol{x}_i) - 1 = -\xi_i \leq 0$ から $y_i f(\boldsymbol{x}_i) \leq 1$ となります． □

集合 $\{\mathcal{O}, \mathcal{M}, \mathcal{I}\}$ はマージンの外側，上，内側に対応しています．この形は簡潔で計算が容易なため，最適性の確認によく用いられます．

6.3 汎用的解法

連続値の数値最適化においては勾配に基づいて目的関数値を減らす（または増やす）方向へ進む**最急降下法（steepest descent）**や**ニュートン法（Newton method）**といった手法が一般的に用いられます．SVM の最適化問題の場合，制約条件をどのように扱うかを考慮しなければなりません．ここでは制約付き最適化問題の標準的な解法のなかで**アクティブセット法（active set method）**と**内点法（interior point method）**の SVM への適用について紹介します．

6.3.1 アクティブセット法

アクティブセット法は制約付き最適化問題を扱う標準的な解法の一つで

す．最適化問題が複数の不等式制約を持つとき，多くの場合，一部の制約では等式が成立する状態になります．SVM の双対問題の場合なら，$0 \leq \alpha_i \leq C$ という制約に対して，ちょうど $\alpha_i = 0$ や $\alpha_i = C$ となるような i が現れます．このような等号が成立している不等式制約の集合を**アクティブセット**（**active set**）と呼びます．

SVM では最適なアクティブセットが判明すれば，最適解を線形方程式で表現することが可能です．双対変数の不等式制約の状態に応じて三つの集合 $\mathcal{O} = \{i \in [n] \mid \alpha_i = 0\}$, $\mathcal{M} = \{i \in [n] \mid 0 < \alpha_i < C\}$, $\mathcal{I} = \{i \in [n] \mid \alpha_i = C\}$ を定義します．もし各事例が最適解において集合 $\{\mathcal{O}, \mathcal{M}, \mathcal{I}\}$ のどれに入るのかがわかっているなら，$\alpha_i = 0, i \in \mathcal{O}$ と $\alpha_i = C, i \in \mathcal{I}$ であるため，$i \in \mathcal{M}$ のみについて双対問題を解けばよいことになります．$\mathcal{M}$ に含まれる i 以外を定数とみなすと，双対問題は以下のようになります．

$$\begin{aligned} \max_{\boldsymbol{\alpha}_{\mathcal{M}}} \quad & -\frac{1}{2}\boldsymbol{\alpha}_{\mathcal{M}}^\top \boldsymbol{Q}_{\mathcal{M}} \boldsymbol{\alpha}_{\mathcal{M}} - C\mathbf{1}^\top \boldsymbol{Q}_{\mathcal{I},\mathcal{M}} \boldsymbol{\alpha}_{\mathcal{M}} + \mathbf{1}^\top \boldsymbol{\alpha}_{\mathcal{M}} \\ \text{s.t.} \quad & \boldsymbol{y}_{\mathcal{M}}^\top \boldsymbol{\alpha}_{\mathcal{M}} = -C\mathbf{1}^\top \boldsymbol{y}_{\mathcal{I}} \end{aligned} \tag{6.17}$$

この問題に対してさらに新たな双対変数 $\nu \in \mathbb{R}$ を導入してラグランジュ関数を導入すると，以下を得ます．

$$\begin{aligned} L = & -\frac{1}{2}\boldsymbol{\alpha}_{\mathcal{M}}^\top \boldsymbol{Q}_{\mathcal{M}} \boldsymbol{\alpha}_{\mathcal{M}} - C\mathbf{1}^\top \boldsymbol{Q}_{\mathcal{I},\mathcal{M}} \boldsymbol{\alpha}_{\mathcal{M}} + \mathbf{1}^\top \boldsymbol{\alpha}_{\mathcal{M}} \\ & - \nu(\boldsymbol{y}_{\mathcal{M}}^\top \boldsymbol{\alpha}_{\mathcal{M}} + C\mathbf{1}^\top \boldsymbol{y}_{\mathcal{I}}) \end{aligned}$$

$\boldsymbol{\alpha}_{\mathcal{M}}$ に関する微分を $\mathbf{0}$ とおき，等式制約と合わせて整理すると以下の線形方程式に帰着できます．

$$\begin{bmatrix} \boldsymbol{Q}_{\mathcal{M}} & \boldsymbol{y}_{\mathcal{M}} \\ \boldsymbol{y}_{\mathcal{M}}^\top & 0 \end{bmatrix} \begin{bmatrix} \boldsymbol{\alpha}_{\mathcal{M}} \\ \nu \end{bmatrix} = -C \begin{bmatrix} \boldsymbol{Q}_{\mathcal{M},\mathcal{I}}\mathbf{1} \\ \mathbf{1}^\top \boldsymbol{y}_{\mathcal{I}} \end{bmatrix} + \begin{bmatrix} \mathbf{1} \\ 0 \end{bmatrix} \tag{6.18}$$

この方程式は $\boldsymbol{Q}_{\mathcal{M}}$ が正定値であれば唯一解を持ち，ただちに解を得ることができます．また，1 行目の方程式 $\boldsymbol{Q}_{\mathcal{M}}\boldsymbol{\alpha}_{\mathcal{M}} + \boldsymbol{y}_{\mathcal{M}}\nu = -C\boldsymbol{Q}_{\mathcal{M},\mathcal{I}}\mathbf{1} + \mathbf{1}$ は，$\nu = b$ として変形すると，実は $y_i f(\boldsymbol{x}_i) = 1, i \in \mathcal{M}$ を並べたベクトルの方程式であることがわかります．これはつまり，ν がマージン上の点を $\mathcal{M}$ としたときのバイアス b であることを示しています．

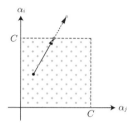

図 6.2 アクティブセットの更新例．緑色の点が問題 (6.17) の解であり，水色のドット柄の領域が範囲制約 $0 \leq \alpha_i, \alpha_j \leq C$ を満たす領域です．この場合，縦軸 $\alpha_i = C$ となる赤い点まで進むことができ，i を $\mathcal{M}$ から $\mathcal{I}$ へ移動します．

当然ながら，集合 $\{\mathcal{O}, \mathcal{M}, \mathcal{I}\}$ を事前に知ることはできません．アクティブセット法では，適当な初期値を与えて問題 (6.17) を繰り返し解き，アクティブセットを更新します（図 6.2）．**アルゴリズム 6.1** にアクティブセット法の概要を示します．

6.3.2 内点法

内点法は不等式制約付き最適化問題に対する汎用的解法です．実行可能領域の内部を通りながら最適解を目指すため，内点法と呼ばれています．内点法はもともと**線形計画問題（linear programming problem）**の解法として考案されましたが，今ではさまざまな種類の最適化問題に対して拡張されています．

SVM の主問題に新たな非負変数 $\boldsymbol{s} = (s_1, \ldots, s_n)^\top \in \mathbb{R}^n$ を導入し，以下のように書き換えます．

$$\min_{\boldsymbol{w},b,\boldsymbol{\xi},\boldsymbol{s}} \frac{1}{2}\|\boldsymbol{w}\|^2 + C \sum_{i \in [n]} \xi_i$$
$$\text{s.t.} \ -y_i(\boldsymbol{w}^\top \boldsymbol{\phi}(\boldsymbol{x}_i) + b) + 1 - \xi_i + s_i = 0, \ i \in [n]$$
$$\xi_i, s_i \geq 0, \ i \in [n]$$

ここではもとの不等式制約 $-y_i(\boldsymbol{w}^\top \boldsymbol{\phi}(\boldsymbol{x}_i) + b) + 1 - \xi_i \leq 0$ の左辺に非負変数 s_i を足すことで等式が成り立つようにしていますが，この操作は最適解に影響を与えません．この書き換えによって不等式制約が各変数の非負制

アルゴリズム 6.1 アクティブセット法による SV 分類最適化

1: 入力：訓練データ $\{(\boldsymbol{x}_i, y_i)\}_{i \in [n]}$
2: 出力：双対問題の最適解 $\{\alpha_i\}_{i \in [n]}$，バイアス b
3: 初期化：$\alpha_i \leftarrow 0, i \in [n]$，$\mathcal{I} \leftarrow \emptyset$，$\mathcal{M} \leftarrow \emptyset$，$\mathcal{O} \leftarrow [n]$
4: **while** ($y_i f(x_i) < 1, i \in \mathcal{O}$ または $y_i f(x_i) > 1, i \in \mathcal{I}$ である i が存在) **do**
5: 　$\mathcal{I}$ または $\mathcal{O}$ から $\mathcal{M}$ への移動

$$\begin{cases} \mathcal{M} \leftarrow \mathcal{M} \cup i_{\mathcal{O}}, \ \mathcal{O} \leftarrow \mathcal{O} \setminus i_{\mathcal{O}}, \\ |1 - y_{i_{\mathcal{O}}} f(x_{i_{\mathcal{O}}})| \geq |1 - y_{i_{\mathcal{I}}} f(x_{i_{\mathcal{I}}})| \text{ または } \mathcal{I} = \emptyset \text{ の場合} \\ \mathcal{M} \leftarrow \mathcal{M} \cup i_{\mathcal{I}}, \ \mathcal{I} \leftarrow \mathcal{I} \setminus i_{\mathcal{I}}, \\ |1 - y_{i_{\mathcal{O}}} f(x_{i_{\mathcal{O}}})| < |1 - y_{i_{\mathcal{I}}} f(x_{i_{\mathcal{I}}})| \text{ または } \mathcal{O} = \emptyset \text{ の場合} \end{cases}$$

ただし，$i_{\mathcal{O}} = \mathrm{argmax}_{i \in \mathcal{O}} -y_i f(\boldsymbol{x}_i), i_{\mathcal{I}} = \mathrm{argmax}_{i \in \mathcal{I}} y_i f(\boldsymbol{x}_i)$

6: 　**repeat**
7: 　　線形方程式 (6.18) の解を $\boldsymbol{\alpha}_{\mathcal{M}}^{new}$ に代入
8: 　　$\boldsymbol{d} \leftarrow \boldsymbol{\alpha}_{\mathcal{M}}^{new} - \boldsymbol{\alpha}_{\mathcal{M}}$
9: 　　$\boldsymbol{\alpha}_{\mathcal{M}} \in [0, C]^{|\mathcal{M}|}$ の領域内で最大のステップ幅 $\eta \geq 0$ によって $\boldsymbol{\alpha}_{\mathcal{M}} \leftarrow \boldsymbol{\alpha}_{\mathcal{M}} + \eta \boldsymbol{d}$ とし，制約条件の境界にぶつかった i が存在する場合には $\mathcal{M}$ から $\mathcal{I}$ または $\mathcal{O}$ へ移動（図 6.2）
10: 　**until** （$\boldsymbol{\alpha}_{\mathcal{M}} = \boldsymbol{\alpha}_{\mathcal{M}}^{new}$）
11: **end while**

約のみになりました．この非負制約の代わりに**対数障壁関数**（**log barrier function**）を導入した以下の問題を考えます．

$$\min_{\boldsymbol{w}, b, \boldsymbol{\xi}, \boldsymbol{s}} \frac{1}{2} \|\boldsymbol{w}\|^2 + C \sum_{i \in [n]} \xi_i - \mu \left(\sum_{i \in [n]} \log \xi_i + \sum_{i \in [n]} \log s_i \right) \quad (6.19)$$
$$\text{s.t. } -y_i(\boldsymbol{w}^\top \boldsymbol{\phi}(\boldsymbol{x}_i) + b) + 1 - \xi_i + s_i = 0, \ i \in [n]$$

ただし，$\mu > 0$ は正のパラメータとします．図 6.3 に対数障壁関数を示します．この関数は $\log$ の中が 0 に近づくほど ∞ に向かい，また 0 以下の値に対

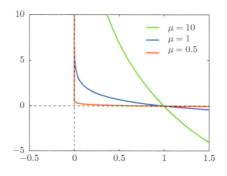

図 6.3 対数障壁関数.

しては定義されません.そのため,対数障壁関数が非負制約の近似であり,μ を 0 に近づけるほど,もとの最適化問題に近づくことがわかります.内点法は適当な初期値 μ からはじめて,最適化問題 (6.19) を解き,μ を少しずつ 0 に近づけていくことで解を得ます.

最適化問題 (6.19) のラグランジュ関数は以下の通りです.

$$L = \frac{1}{2}\|\boldsymbol{w}\|^2 + C\sum_{i\in[n]}\xi_i - \mu\left(\sum_{i\in[n]}\log\xi_i + \sum_{i\in[n]}\log s_i\right)$$
$$+ \sum_{i\in[n]}\alpha_i\left(-y_i(\boldsymbol{w}^\top\boldsymbol{\phi}(\boldsymbol{x}_i)+b)+1-\xi_i+s_i\right)$$

各変数に関する微分から以下を得ます.

$$\frac{\partial L}{\partial \boldsymbol{w}} = \boldsymbol{w} - \sum_{i\in[n]}\alpha_i y_i \boldsymbol{\phi}(\boldsymbol{x}_i) = \boldsymbol{0}$$

$$\frac{\partial L}{\partial b} = -\sum_{i\in[n]}\alpha_i y_i = 0$$

$$\frac{\partial L}{\partial \xi_i} = C - \frac{\mu}{\xi_i} - \alpha_i = 0$$

$$\frac{\partial L}{\partial s_i} = -\frac{\mu}{s_i} + \alpha_i = 0$$

この四つの等式と最適化問題 (6.19) の等式制約,また $\boldsymbol{s}$ と $\boldsymbol{\xi}$ の非負性を合

わせると，問題 (6.19) の KKT 条件となります．$\frac{\partial L}{\partial \boldsymbol{w}}$ を使って $\boldsymbol{w}$ を消去し，KKT 条件を整理すると以下を得ます．

$$Q\boldsymbol{\alpha} + \boldsymbol{y}b + \mathbf{1} + \boldsymbol{s} = \mathbf{0} \tag{6.20}$$

$$\boldsymbol{y}^\top \boldsymbol{\alpha} = 0 \tag{6.21}$$

$$(C\boldsymbol{I} + \mathrm{diag}(\boldsymbol{\alpha}))\boldsymbol{\xi} = \mu \mathbf{1} \tag{6.22}$$

$$\mathrm{diag}(\boldsymbol{\alpha})\boldsymbol{s} = \mu \mathbf{1} \tag{6.23}$$

ただし，diag は引数にとったベクトルを対角要素に並べた行列とします．この連立方程式は式 (6.22) と式 (6.23) に非線形な項を含むため，1 次近似を用いて解くのが一般的です（ニュートン法）．現在の解における式 (6.20) と式 (6.21) の左辺を $\boldsymbol{r}_1 = Q\boldsymbol{\alpha} + \boldsymbol{y}b + \mathbf{1} + \boldsymbol{\xi} + \boldsymbol{s}$, $\boldsymbol{r}_2 = \boldsymbol{y}^\top \boldsymbol{\alpha}$ と定義します．当然，最適解では $\boldsymbol{r}_1 = \mathbf{0}$, $\boldsymbol{r}_2 = 0$ となっていなければなりません．現在の解から $\Delta\boldsymbol{\alpha}, \Delta b, \Delta\boldsymbol{\xi}, \Delta\boldsymbol{s}$ だけ更新したときに式 (6.20) と式 (6.21) の二つの線形方程式と，式 (6.22) と式 (6.23) の下二つの非線形方程式の 1 次近似が成立するようにするには以下の方程式によって更新量を定めればよいことになります．

$$\begin{bmatrix} Q & \boldsymbol{y} & \boldsymbol{I} & \boldsymbol{I} \\ \boldsymbol{y}^\top & 0 & \mathbf{0} & \mathbf{0} \\ \mathrm{diag}(\boldsymbol{\xi}) & \mathbf{0} & \mathrm{diag}(\boldsymbol{\alpha}) & \mathbf{0} \\ \mathrm{diag}(\boldsymbol{s}) & \mathbf{0} & \mathbf{0} & \mathrm{diag}(\boldsymbol{\alpha}) \end{bmatrix} \begin{bmatrix} \Delta\boldsymbol{\alpha} \\ \Delta b \\ \Delta\boldsymbol{\xi} \\ \Delta\boldsymbol{s} \end{bmatrix} = - \begin{bmatrix} \boldsymbol{r}_1 \\ \boldsymbol{r}_2 \\ (C\boldsymbol{I} + \mathrm{diag}(\boldsymbol{\alpha}))\boldsymbol{\xi} - \mu\mathbf{1} \\ \mathrm{diag}(\boldsymbol{\alpha} - \mu\mathbf{1}) \end{bmatrix} \tag{6.24}$$

この方程式の解を更新方向として，適当なステップ幅 $\eta \in [0,1]$ を不等式制約を満たす範囲 $\mathbf{0} < \boldsymbol{\alpha} + \eta\Delta\boldsymbol{\alpha} < C$, $\boldsymbol{\xi} + \eta\Delta\boldsymbol{\xi} > \mathbf{0}$, $\boldsymbol{s} + \eta\Delta\boldsymbol{s} > \mathbf{0}$ で定めます．これは最適化において**直線探索（line search）**と呼ばれる手続きに対応します．ここでは詳細は述べませんが，よく用いる手法としては，適当なステップ幅からはじめて目的関数が一定の条件を満たすまで幅を狭めていくバックトラック法があります．

ニュートン法が収束したら μ を更新しますが，これをどのように行うかによって必要な繰り返しの回数が変わります．μ を少ししか変化させなければ，解の変化も小さいためニュートン法が少ない回数で収束します．しかし，

μ 自体を減らすためにかかる外側の繰り返し回数は多くなります．一方で，μ を大きく変化させると，ニュートン法の収束に必要な回数は増えますが，外側の繰り返し回数は減ります．μ の設定方法については，例えば以下のようなヒューリスティクスが提案されています．

$$\mu = \mu_0 \left(\frac{1-\eta}{10+\eta} \right)^2$$

ただし，μ_0 は現在の解における式 (6.22) と式 (6.23) の二つの式の左辺の値の平均値とします．この式はステップ幅 η が大きいほど μ が大きく減るように作られています．内点法全体の処理は**アルゴリズム 6.2** のようにまとめることができます．

アルゴリズム 6.2 内点法による SV 分類最適化

1: 入力：訓練データ $\{(\boldsymbol{x}_i, y_i)\}_{i \in [n]}$，停止規準 ε
2: 出力：双対問題の最適解 $\{\alpha_i\}_{i \in [n]}$，バイアス b
3: 初期化：$\alpha_i \leftarrow 0, i \in [n]$
4: **while** $(\mu > \varepsilon)$ **do**
5:    **while** (式 (6.20)〜(6.23) が満たされていない) **do**
6:       式 (6.24) の更新方向に対して，適当な直線探索によりステップ幅を定めて解を更新
7:    **end while**
8:    μ を更新
9: **end while**

Chapter 7

分割法

> 大規模データに対して SVM を学習するには,大規模な最適化問題を解かなくてはなりません.このような場合,前章で学んだ汎用的な最適化手法でなく SVM に特化したものを使う方がよい場合があります.本章では,SVM のための最適化手法のうち分割法と呼ばれるアプローチを紹介します.このアプローチでは訓練集合全体に対して最適化を行うのでなく,訓練集合の 一部を選択して小規模な最適化問題を繰り返し解きます.分割法において部分訓練集合のサイズを最小の 2 とした方法を SMO アルゴリズムと呼びます.SMO アルゴリズムはカーネル関数を利用した SVM(カーネル SVM)の学習アルゴリズムとして,最もよく用いられているものです.本章ではさらに線形 SVM に特化した分割法として DCDM アルゴリズムと呼ばれるものも紹介します.線形 SVM のアルゴリズムでは主問題と双対問題の関係をうまく利用することによりカーネル SVM よりも効率的な学習が可能となります.

　SVM の学習は凸最適化問題として定式化されるため,小規模なデータに対しては第 6 章 で学んだ汎用的な凸最適化手法を使うことができます.一方、大規模なデータに対しては、SVM に特化した最適化手法を使うことによって大幅な高速化が可能になる場合があります.本章では,SVM の学習に特化した最適化手法の一つを紹介します.なお,SVM の学習には主問題と双対問題の二つの定式化がありますが,本書では双対問題を解くための最

適化法を説明します*1．また，本章ではSV分類を例に説明しますが，SV回帰など他の問題設定においてもほぼ同様の議論が可能です．

7.1 分割法

SV分類の双対問題では，n個の未知変数$\{\alpha_i\}_{i \in [n]}$を最適化します．ただし，nは訓練事例の数を表し，訓練事例数が数百万を超えるような大規模なデータに対しては，非常に多くの未知変数を持った大規模な最適化問題を解くことになります．

双対問題を効率的に解くための基本方針は，最終的な分類器がサポートベクトルのみに依存するという事実を利用することです．もし，どの訓練事例がサポートベクトルになるかわかっていれば，サポートベクトルのみから構成される一部の訓練集合を訓練事例とみなし，小規模の最適化問題を解けばよいことになります．しかし，最適解を得るまではどの訓練事例がサポートベクトルになるか知ることができません．また，サポートベクトルが多い場合にはやはり大規模な最適化問題を解く必要がでてきます．

そこで，本章で紹介する方法では，サポートベクトルのように分類器への影響が大きいと予想される一部の訓練事例からなる小さな部分訓練集合を考え，この部分訓練集合に関する小規模な最適化問題を解きます．当然ながらその予想が正しいとは限らないので，途中で得られる暫定解を用いて部分訓練集合も更新し，小規模な最適化問題を繰り返し解くことになります．このような方法は，**分割法（decomposition method）** または **チャンキング法（chunking method）** と呼ばれており，SVMの最適化方法として最もよく用いられる方法の一つです．

分割法の各ステップで選択される$\{\alpha_i\}_{i \in [n]}$の部分訓練集合を**作業集合（working set）** と呼ぶことがあります．この作業集合を$\mathcal{S} \subseteq [n]$とし，それ以外を$\bar{\mathcal{S}} = [n] \setminus \mathcal{S}$とします．第1章の双対問題において，作業集合$\mathcal{S}$に含まれるもののみを未知変数とみなし，含まれないものは定数と考えると，

---

*1 カーネル関数を用いた非線形SVMの場合，主問題を実際に解くことができないため双対問題を解くしかありません．一方，線形SVMの場合，主問題と双対問題のどちらを解いてもよいので二つの選択肢があります．

$$\min_{\boldsymbol{\alpha}_\mathcal{S}} \frac{1}{2}\boldsymbol{\alpha}_\mathcal{S}^\top \boldsymbol{Q}_\mathcal{S} \boldsymbol{\alpha}_\mathcal{S} - (1 - \boldsymbol{Q}_{\mathcal{S},\bar{\mathcal{S}}}\boldsymbol{\alpha}_{\bar{\mathcal{S}}})^\top \boldsymbol{\alpha}_\mathcal{S}$$
$$\text{s.t. } \boldsymbol{y}_\mathcal{S}^\top \boldsymbol{\alpha}_\mathcal{S} = -\boldsymbol{y}_{\bar{\mathcal{S}}}^\top \boldsymbol{\alpha}_{\bar{\mathcal{S}}},\ 0 \leq \boldsymbol{\alpha}_\mathcal{S} \leq C\mathbf{1} \tag{7.1}$$

と表されます．ただし，行列 $\boldsymbol{Q}$ は (i,j) 要素が $Q_{i,j} = y_i y_j K(\boldsymbol{x}_i, \boldsymbol{x}_j)$ である $n \times n$ 行列で，式 (7.1) では，行列 $\boldsymbol{Q} \in \mathbb{R}^{n \times n}$，ベクトル $\boldsymbol{\alpha} \in \mathbb{R}_+^n$, $\boldsymbol{y} \in \mathbb{R}^n$ を

$$\boldsymbol{Q} = \begin{bmatrix} \boldsymbol{Q}_\mathcal{S} & \boldsymbol{Q}_{\mathcal{S}\bar{\mathcal{S}}} \\ \boldsymbol{Q}_{\mathcal{S}\bar{\mathcal{S}}}^\top & \boldsymbol{Q}_{\bar{\mathcal{S}}} \end{bmatrix}, \quad \boldsymbol{\alpha} = \begin{bmatrix} \boldsymbol{\alpha}_\mathcal{S} \\ \boldsymbol{\alpha}_{\bar{\mathcal{S}}} \end{bmatrix}, \quad \boldsymbol{y} = \begin{bmatrix} \boldsymbol{y}_\mathcal{S} \\ \boldsymbol{y}_{\bar{\mathcal{S}}} \end{bmatrix} \tag{7.2}$$

と作業集合とそれ以外に分けて表記しています．作業集合のみを未知変数とした双対問題 (7.1) も凸二次計画問題となっているので，作業集合のサイズ $|\mathcal{S}|$ が十分に小さければ，第 6 章で学んだ内点法やアクティブセット法などを用いて効率的に解くことができます．

作業集合に対する双対問題 (7.1) を解いて得られた解 $\boldsymbol{\alpha}_\mathcal{S}$ と定数とみなして固定していた $\boldsymbol{\alpha}_{\bar{\mathcal{S}}}$ を用いると，各訓練事例のマージン $y_i f(\boldsymbol{x}_i)$ を計算できます．SV 分類においては，マージン $y_i f(\boldsymbol{x}_i)$ が 1 より小さくなるとサポートベクトルになるので，これらの情報を利用して次のステップの作業集合 $\mathcal{S}$ を更新することができます．

以上のように，分割法では作業集合に関する双対問題の最適化と作業集合の更新を繰り返します．詳細は省略しますが，ある一定の条件のもと，分割法の解系の列がもとの双対問題の最適解に収束することを証明できます．分割法の良し悪しは，部分訓練集合に対する双対問題 (7.1) をいかに高速に解けるか，作業集合 $\mathcal{S}$ をどのように更新するかに依存します．以下，7.2 節では，カーネル SVM のための分割法である SMO アルゴリズム[19]と呼ばれる方法を説明します．7.3 節では，線形 SVM のための分割法である DCDM アルゴリズム[20]と呼ばれる方法を説明します．

7.2　カーネル SVM のための SMO アルゴリズム

本節では，分割法の一種である SMO アルゴリズム (sequential minimal optimization algorithm)[19]を紹介します．SMO アルゴリズムは作業集合 $\mathcal{S}$ のサイズを $|\mathcal{S}| = 2$ とした分割法です．作業集合のサイズを 2

とすることの利点は，各ステップで解く $\mathcal{S}$ に対する双対問題 (7.1) の解を解析的に得られることです．すなわち，式 (7.1) を解く際に内点法やアクティブセット法などのソルバーを使わなくてもよいことになり，実装も非常に簡単です．SMO アルゴリズムは，第 10 章で紹介する LIBSVM ソフトウェアにおいても使われており，大規模な問題に対しても非常に効率的に SVM の学習を行うことができます．

以下では，2 変数の最適解を解析的に求める方法とその 2 変数を選ぶ方法を順次説明します．なお，線形 SVM，すなわちカーネル関数として $K(\bm{x}_i, \bm{x}_j) = \bm{x}_i^\top \bm{x}_j$ を用いた場合はより効率的な分解法があります．線形 SVM に特化した分解法に関しては 7.3 節で説明します．

7.2.1 2 変数の最適化

問題を扱いやすくするため，双対変数 $\{\alpha_i\}_{i \in [n]}$ を変数変換して，

$$\beta_i = y_i \alpha_i, \ i \in [n]$$

を考えます．ラベルは $y_i \in \{\pm 1\}$ なので，α_i と β_i は

$$y_i \beta_i = y_i^2 \alpha_i = \alpha_i, \ i \in [n]$$

の関係にあります．変数 $\{\beta_i\}_{i \in [n]}$ を用いると SV 分類の双対問題は，

$$\min_{\{\beta_i\}_{i \in [n]}} \frac{1}{2} \sum_{i,j \in [n]} \beta_i \beta_j K_{ij} - \sum_{i \in [n]} y_i \beta_i \tag{7.3a}$$

$$\text{s.t.} \sum_{i \in [n]} \beta_i = 0 \tag{7.3b}$$

$$0 \leq \beta_i \leq C, \ \forall i \in \{[n] | y_i = +1\} \tag{7.3c}$$

$$-C \leq \beta_i \leq 0, \ \forall i \in \{[n] | y_i = -1\} \tag{7.3d}$$

と表されます．ただし，$K_{ij} = K(\bm{x}_i, \bm{x}_j)$ を表しています．

SMO アルゴリズムでは，n 個の未知変数 $\{\alpha_i\}_{i \in [n]}$ のうち，異なる二つの変数 $\beta_s, \beta_t, s \neq t$ を作業集合とします．ところで，SMO アルゴリズムの M は「minimal」の略ですが，なぜ作業集合として変数を一つでなく二つ選ぶのでしょうか．これは，式 (7.3b) の等式制約条件のためです．もし，一つの変数 β_s を除く $n - 1$ 個の変数を固定すると，等式制約条件 (7.3b) を満たす

ためには，β_s の値も変えることができなくなってしまいます．二つの変数 β_s と β_t を変えることができれば，$\beta_s + \beta_t$ の値が一定である限り，等式制約条件 (7.3b) を満たすことができます．

二つの変数を

$$\beta_s \leftarrow \beta_s + \Delta\beta_s, \quad \beta_t \leftarrow \beta_t + \Delta\beta_t$$

と更新する場合を考えます．このとき，等式制約条件 (7.3b) を満たすには，

$$\beta_s + \beta_t = (\beta_s + \Delta\beta_s) + (\beta_t + \Delta\beta_t)$$

が必要であり，

$$\Delta\beta_t = -\Delta\beta_s \tag{7.4}$$

を満たす必要があります．すなわち，二つの変数 β_s と β_t のみを作業集合として式 (7.1) を解く場合，実質的に自由に動ける変数は，$\Delta\beta_s$ の 1 変数となります．

続いて，$\Delta\beta_s$ の満たすべき範囲を考えます．更新後の β_s と β_t が式 (7.3c) と式 (7.3d) を満たすためには，

$$\begin{aligned} 0 \leq \beta_s + \Delta\beta_s \leq C & \quad y_s = +1 \text{ の場合} \\ -C \leq \beta_s + \Delta\beta_s \leq 0 & \quad y_s = -1 \text{ の場合} \end{aligned} \tag{7.5}$$

となるように $\Delta\beta_s$ に制約を加えなければなりません．これを y_s と y_t の符号のそれぞれの組合せに対して考慮すると，$\Delta\beta_s$ は，

$$\begin{aligned} \max(-\beta_s, \beta_t - C) \leq \Delta\beta_s \leq \min(C - \beta_s, \beta_t) & \\ & y_s = +1,\ y_t = +1 \text{ の場合} \\ \max(-\beta_s, \beta_t) \leq \Delta\beta_s \leq \min(C - \beta_s, C + \beta_t) & \\ & y_s = +1,\ y_t = -1 \text{ の場合} \\ \max(-C - \beta_s, \beta_t - C) \leq \Delta\beta_s \leq \min(-\beta_s, \beta_t) & \\ & y_s = -1,\ y_t = +1 \text{ の場合} \\ \max(-C - \beta_s, \beta_t) \leq \Delta\beta_s \leq \min(-\beta_s, C + \beta_t) & \\ & y_s = -1,\ y_t = -1 \text{ の場合} \end{aligned} \tag{7.6}$$

を満たす必要があります．

作業集合に対する双対問題 (7.1) を $\Delta\beta_s$ に関する制約付き最適化問題として書き直すと，

$$\min_{\Delta\beta_s} \frac{1}{2}(K_{s,s} + 2K_{s,t} + K_{t,t})\Delta\beta_s^2$$
$$- (y_s - \sum_{i\in[n]} \beta_i K_{i,s} - y_t + \sum_{i\in[n]} \beta_i K_{i,t})\Delta\beta_s \quad (7.7)$$
$$\text{s.t.} \quad L \leq \Delta\beta_s \leq U$$

と表せます．ただし，L と U は y_s と y_t の符号に応じた式 (7.6) の下限と上限をそれぞれ表すものとします．

式 (7.7) は 1 変数 $\Delta\beta_s$ の制約付き二次関数最小化問題であるので，最適解を

$$\Delta\beta_s = \begin{cases} L & L > \frac{y_s - y_t - \sum_{i\in[n]} \beta_i(K_{i,s}-K_{i,t})}{K_{s,s}+2K_{s,t}+K_{t,t}} \text{の場合} \\ U & U < \frac{y_s - y_t - \sum_{i\in[n]} \beta_i(K_{i,s}-K_{i,t})}{K_{s,s}+2K_{s,t}+K_{t,t}} \text{の場合} \\ \frac{y_s - y_t - \sum_{i\in[n]} \beta_i(K_{i,s}-K_{i,t})}{K_{s,s}+2K_{s,t}+K_{t,t}} & \text{その他の場合} \end{cases} \quad (7.8)$$

と解析的に得ることができます．

7.2.2 2 変数の選択

続いて，二つの変数 β_s と β_t を選ぶ方法を説明します．各ステップでこれら二つの変数をランダムに選んだとしても SMO アルゴリズムは最適解に収束することが知られています．ただし，うまく β_s と β_t を選ぶことにより，収束の早さを改善できることが知られています．

第 1 章で学んだように，SV 分類の最適解では，

$$\begin{aligned} \alpha_i = 0 &\Rightarrow y_i f(\boldsymbol{x}_i) \geq 1, \\ 0 < \alpha_i < C &\Rightarrow y_i f(\boldsymbol{x}_i) = 1, \\ \alpha_i = C &\Rightarrow y_i f(\boldsymbol{x}_i) \leq 1 \end{aligned} \quad (7.9)$$

という条件を満たさなければなりません．二つのパラメータを選択する基本戦略は式 (7.9) を最も満たしていないような二つの変数のペアを選択するこ

とです．最適性条件 (7.9) を整理しなおすため，以下の五つの集合を定義します．

$$
\begin{aligned}
\mathcal{I}_0(\boldsymbol{\alpha}) &= \{i \mid 0 < \alpha_i < C\}, \\
\mathcal{I}_1(\boldsymbol{\alpha}) &= \{i \mid \alpha_i = 0,\ y_i = +1\}, \\
\mathcal{I}_2(\boldsymbol{\alpha}) &= \{i \mid \alpha_i = 0,\ y_i = -1\}, \\
\mathcal{I}_3(\boldsymbol{\alpha}) &= \{i \mid \alpha_i = C,\ y_i = +1\}, \\
\mathcal{I}_4(\boldsymbol{\alpha}) &= \{i \mid \alpha_i = C,\ y_i = -1\}
\end{aligned}
$$

ただし，これらの集合は最適化途上の暫定解 $\boldsymbol{\alpha}$ に基づいて定義されているため，$\boldsymbol{\alpha}$ の関数として表記しています．双対表現において

$$
f(\boldsymbol{x}_i) = \sum_{j \in [n]} y_j \alpha_j K_{ij} + b, \quad i \in [n] \tag{7.10}
$$

と表されることを用いると，式 (7.9) の最適性条件は

$$
y_i - \sum_{j \in [n]} y_j \alpha_j K_{ij} = b \quad i \in \mathcal{I}_0(\boldsymbol{\alpha}) \text{ の場合} \tag{7.11a}
$$

$$
y_i - \sum_{j \in [n]} y_j \alpha_j K_{ij} \leq b \quad i \in \mathcal{I}_1(\boldsymbol{\alpha}) \cup \mathcal{I}_4(\boldsymbol{\alpha}) \text{ の場合} \tag{7.11b}
$$

$$
y_i - \sum_{j \in [n]} y_j \alpha_j K_{ij} \geq b \quad i \in \mathcal{I}_2(\boldsymbol{\alpha}) \cup \mathcal{I}_3(\boldsymbol{\alpha}) \text{ の場合} \tag{7.11c}
$$

と書き直すことができます．これらをさらにまとめるため，

$$
\begin{aligned}
\mathcal{I}_{\mathrm{up}}(\boldsymbol{\alpha}) &= \mathcal{I}_0(\boldsymbol{\alpha}) \cup \mathcal{I}_1(\boldsymbol{\alpha}) \cup \mathcal{I}_4(\boldsymbol{\alpha}), \\
\mathcal{I}_{\mathrm{low}}(\boldsymbol{\alpha}) &= \mathcal{I}_0(\boldsymbol{\alpha}) \cup \mathcal{I}_2(\boldsymbol{\alpha}) \cup \mathcal{I}_3(\boldsymbol{\alpha})
\end{aligned}
$$

と定義すると，最適性条件は，

$$
\begin{aligned}
y_i - \sum_{j \in [n]} y_j \alpha_j K_{ij} \leq b &\quad i \in \mathcal{I}_{\mathrm{up}}(\boldsymbol{\alpha}) \text{ の場合}, \\
y_i - \sum_{j \in [n]} y_j \alpha_j K_{ij} \geq b &\quad i \in \mathcal{I}_{\mathrm{low}}(\boldsymbol{\alpha}) \text{ の場合}
\end{aligned} \tag{7.12}
$$

とまとめられます．双対変数 $\{\alpha_i\}_{i \in [n]}$ がすべて式 (7.12) を満たしていれば

最適解です．したがって，最も最適性条件を満たしていないペアは

$$
\begin{aligned}
s &= \underset{i \in \mathcal{I}_{\mathrm{up}}(\boldsymbol{\alpha})}{\operatorname{argmax}} \left(y_i - \sum_{j \in [n]} y_j \alpha_j K_{ij} \right), \\
t &= \underset{i \in \mathcal{I}_{\mathrm{low}}(\boldsymbol{\alpha})}{\operatorname{argmin}} \left(y_i - \sum_{j \in [n]} y_j \alpha_j K_{ij} \right)
\end{aligned}
\tag{7.13}
$$

と選ばれます．なお，式 (7.13) では，

$$
u_i = y_i - \sum_{j \in [n]} y_j \alpha_j K_{ij},\ i \in [n] \tag{7.14}
$$

を計算する必要があります．これを特に工夫をせずに行うと $\mathcal{O}(n^2)$ の計算コストがかかってしまいますが，SMO アルゴリズムでは α_s と α_t の 2 変数のみが更新されているので，$\mathcal{O}(n)$ の計算コストで更新が可能となります．具体的には，更新前と後の u_i をそれぞれ $u_i^{(\mathrm{old})}$, $u_i^{(\mathrm{new})}$ とすると，

$$
u_i^{(\mathrm{new})} = u_i^{(\mathrm{old})} - (K_{i,s} - K_{i,t}) \Delta \beta_s,\ i \in [n] \tag{7.15}
$$

と更新します．

7.2.3 SMO アルゴリズムのまとめ

アルゴリズム 7.1 に SV 分類のための SMO アルゴリズムを示します．SMO アルゴリズムの停止は最適性条件 (7.12) に基づいて判定することができますが本章では詳細を省略します．第 10 章にて SMO アルゴリズムの実装例として LIBSVM ソフトウェアを説明しますので，そこで使われている停止条件（10.3.2 節）を参照してください．

SMO アルゴリズムの各ステップでは，式 (7.8) においてカーネル行列 $\boldsymbol{K} \in \mathbb{R}^{n \times n}$ の要素を $\mathcal{O}(n)$ 個計算する必要があります．通常，カーネル関数の計算には，$\mathcal{O}(d)$ のコストがかかるので，各ステップにおいて，$\mathcal{O}(nd)$ の計算が必要となってしまいます．このため，カーネル行列の同一要素を何度も繰り返して計算するのは好ましくありません．訓練集合のサイズ n が小さい場合には，$n \times n$ のカーネル行列 $\boldsymbol{K}$ をあらかじめ計算してメモリに保持しておくことができます．

アルゴリズム 7.1　SV 分類のための SMO アルゴリズム（基本）

1: 入力：訓練データ $\{(\boldsymbol{x}_i, y_i)\}_{i \in [n]}$，正則化パラメータ C，カーネル関数 K
2: 出力：双対問題の最適解 $\{\alpha_i\}_{i \in [n]}$，バイアス b
3: 初期化：$\beta_i \leftarrow 0, i \in [n]$，$u_i \leftarrow y_i, i \in [n]$，異なる 2 つの事例 $s, t \in [n]$ をランダムに選択
4: **while**　（$\boldsymbol{\alpha}$ が停止条件を満たしていない）　**do**
5: 　　式 (7.8) により $\Delta \beta_s$ を計算
6: 　　$\beta_s \leftarrow \beta_s + \Delta \beta_s, \beta_t \leftarrow \beta_t - \Delta \beta_s$
7: 　　式 (7.15) により，$u_i, i \in [n]$ を更新
8: 　　式 (7.13) により，s, t を更新
9: **end while**
10: $\alpha_i \leftarrow y_i \beta_i, i \in [n]$
11: $0 < \alpha_i < C$ であるような事例を用いてバイアス b を計算（詳しくは第 1 章参照）

　一方，大規模データに対してはカーネル行列全体をメモリに保持できないので，カーネル行列の一部のみをキャッシュに保持しておく方針がとられます．SMO アルゴリズムでは，作業集合として選ばれやすい変数と選ばれにくい変数に偏りがあるので，直近に計算した $\{K_{i,s}\}_{i \in [n]}$ と $\{K_{i,t}\}_{i \in [n]}$ をキャッシュに保存しておくことで再利用できる可能性が高まります．次節で紹介する線形 SVM に特化した方法では，主変数と双対変数の関係を利用することで，カーネル行列に関する計算をキャッシュを使わずに効率的に行うことができます．

7.3　線形 SVM のための DCDM アルゴリズム

　線形 SVM に特化した分割法のアルゴリズムを紹介します．このアルゴリズムは **DCDM アルゴリズム** (**dual coordinate descent method algorithm**)[20] と呼ばれています．DCDM アルゴリズムは第 10 章 で紹介する

LIBSVM を開発した研究グループが線形 SVM 用に作成した LIBLINEAR というソフトウェアでも使われています.

SVM の利点の一つはカーネル関数を用いて複雑な特徴を扱えることでした. 一方, 有益な特徴量がすでにわかっている状況では, 線形 SVM を用いてもカーネル SVM と同程度の性能を得られる場合が多くあります. また, 最近の大規模データ解析では, 高次元でスパースな特徴を持ったデータを扱う場合が多くあります. 例えば, 自然言語処理の問題では, ある単語が文書に現れるか否かを特徴量とする場合があります. この場合, 特徴の次元数は単語の種類の数になるので非常に高次元なデータとなります. 一方, 一つの文書に含まれる単語の種類は限られているので, 多くの特徴が 0 となるスパース性を持つことになります. 詳しくは以下で説明しますが, 線形 SVM はカーネル SVM よりも効率的に学習を行えます. また, 線形 SVM のアルゴリズムでは, 特徴のスパース性をうまく利用することができます. このため, 大規模な高次元スパースデータを扱う場合には, 線形 SVM を用いることが有効です.

7.3.1 線形 SV 分類

以下では, バイアスのない線形モデル

$$f(\boldsymbol{x}) = \boldsymbol{w}^\top \boldsymbol{x} \tag{7.16}$$

を考えます. このとき, SV 分類の主問題は

$$\min_{\boldsymbol{w} \in \mathbb{R}^d} \frac{1}{2} \|\boldsymbol{w}\|^2 + C \sum_{i \in [n]} \max\{0, 1 - y_i(\boldsymbol{w}^\top \boldsymbol{x}_i)\} \tag{7.17}$$

となります. ただし, 訓練事例の数をこれまでと同様に n とし, 入力変数 $\boldsymbol{x}$ の次元を d としています.

バイアスを考えないのは後で述べるようなアルゴリズムの効率化のためですが, 入力ベクトル $\boldsymbol{x}_i$ と係数ベクトル $\boldsymbol{w}$ を

$$\boldsymbol{x}_i \leftarrow \begin{bmatrix} \boldsymbol{x}_i^\top & 1 \end{bmatrix}^\top, \quad \boldsymbol{w} \leftarrow \begin{bmatrix} \boldsymbol{w}^\top & b \end{bmatrix}^\top \tag{7.18}$$

と拡張することによってバイアスを考慮することもできます. しかし, 式 (7.18) を用いてデータを変換した後に問題 (7.17) を解くことは, 第 1 章の

バイアスありの線形 SVM を解くのとは異なることに注意が必要です．バイアスありの SVM では，係数ベクトル $\boldsymbol{w}$ だけに正則化を行っているのに対し，データ変換 (7.18) の後に問題 (7.17) を解く場合は，バイアス b にも正則化を加えていることになります．このため，線形 SVM を利用する場合は，データの標準化などの前処理を適切に行っておくことが重要です．

主問題 (7.17) の双対問題は，

$$\min_{\boldsymbol{\alpha} \in \mathbb{R}^n} \frac{1}{2} \boldsymbol{\alpha}^\top \boldsymbol{Q} \boldsymbol{\alpha} - \boldsymbol{1}^\top \boldsymbol{\alpha} \\ \text{s.t.} \ \ 0 \leq \alpha_i \leq C, \ i \in [n] \tag{7.19}$$

となります．バイアスがある場合の双対問題 (1.10) に比べると，等式制約がなくなっている点が異なっています．

7.3.2 DCDM アルゴリズム

DCDM アルゴリズムは双対問題 (7.19) を解くアルゴリズムで，分割法の一種とみなすことができます．アルゴリズムの基本方針は SMO アルゴリズムと同じで，最小の作業集合 $\mathcal{S}$ に対する最適化を繰り返すことです．SMO アルゴリズムでは，等式制約 (7.3b) を満たすために 2 変数からなる作業集合を考えましたが，式 (7.19) では等式制約がないため，一つの変数 $\alpha_s, s \in [n]$ を更新することができます．

DCDM のあるステップにおいて，$\mathcal{S} = \{\alpha_s\}, s \in [n]$ を作業集合とし，残りの変数を定数とみなして固定した場合を考えます．変数 α_s を

$$\alpha_s \leftarrow \alpha_s + \Delta \alpha_s$$

と更新することにします．このとき，双対問題 (7.3b) を更新幅 $\Delta \alpha_s$ に関して整理すると，

$$\min_{\Delta \alpha_s \in \mathbb{R}} \frac{1}{2} Q_{s,s} \Delta \alpha_s^2 - \left(1 - \sum_{j \in [n]} \alpha_j Q_{j,s} \right) \Delta \alpha_s \\ \text{s.t.} \ -\alpha_s \leq \Delta \alpha_s \leq C - \alpha_s \tag{7.20}$$

と表されます．式 (7.20) は 1 変数 $\Delta \alpha_s$ に関する制約付き二次関数最小化問題なので，SMO アルゴリズムの場合と同様に

7.3 線形 SVM のための DCDM アルゴリズム

$$\Delta\alpha_s = \begin{cases} -\alpha_s & \frac{1-\sum_{j\in[n]}\alpha_j Q_{j,s}}{Q_{s,s}} < -\alpha_s \text{ の場合} \\ C-\alpha_s & \frac{1-\sum_{j\in[n]}\alpha_j Q_{j,s}}{Q_{s,s}} > C-\alpha_s \text{ の場合} \\ \frac{1-\sum_{j\in[n]}\alpha_j Q_{j,s}}{Q_{s,s}} & \text{上記以外の場合} \end{cases} \quad (7.21)$$

と解析的に解くことができます．

SMO アルゴリズムでは，各ステップにおいてどの変数のペアを作業集合とするか選択していましたが，DCDM アルゴリズムでは選択を行いません．これは，各ステップの計算コストが選択を行うために必要な計算コストに比べて小さく，選択をせずに繰り返し回数を多くする方が全体として効率的になるためです．DCDM アルゴリズムにおける作業集合の選択はとてもシンプルで，単に，n 個の変数 $\alpha_1, \ldots, \alpha_n$ を順番に作業集合とし，式 (7.20) を解くプロセスを繰り返します．

DCDM アルゴリズムの各ステップの計算コストについて考えます．式 (7.21) からわかるように，DCDM の各ステップでは

$$\frac{1-\sum_{j\in[n]}\alpha_j Q_{j,s}}{Q_{s,s}}$$

の分子 $1-\sum_{j\in[n]}\alpha_j Q_{j,s}$ と分母 $Q_{s,s}$ を計算する必要があります．訓練事例 n が大きい大規模データでは，$n\times n$ 行列 $\boldsymbol{Q}$ を計算してメモリに保持しておくことはできません．カーネル SVM では，行列 $\boldsymbol{Q}$ の一部をキャッシュしておくことで，この計算コストを軽減できましたが，大規模データに対してはこの部分の計算コストがボトルネックになってしまいます．DCDM アルゴリズムの利点は，行列 $\boldsymbol{Q}$ に関する計算コストを抑えることができる点です．

まず，分母の $Q_{s,s}$ に関しては，行列 $\boldsymbol{Q}$ の対角部分をあらかじめ計算して $\mathcal{O}(n)$ メモリに保持しておくことができます．分子に関しては，主変数 $\boldsymbol{w}$ と双対変数 $\boldsymbol{\alpha}$ の関係

$$\boldsymbol{w} = \sum_{j\in[n]} \alpha_j y_j \boldsymbol{x}_j$$

を利用します．この関係を用いると，分子の計算は

$$1 - \sum_{j\in[n]} \alpha_j Q_{j,s} = 1 - \boldsymbol{w}^\top \boldsymbol{x}_s y_s$$

と表すことができます．DCDM では主変数 w を $\mathcal{O}(d)$ のメモリに保持しておくことで，分子の計算コストを $\mathcal{O}(d)$ に抑えることができます．主変数 w は双対変数が変化するたびに更新が必要ですが，各ステップで α_s のみが変化することを考慮すると，

$$w \leftarrow w + \Delta\alpha_s x_s y_s \tag{7.22}$$

と $\mathcal{O}(d)$ のコストで更新できます．なお，入力ベクトルがスパースな場合はより効率的になります．入力ベクトルの非零要素数を d' とすると，DCDM の各ステップを $\mathcal{O}(d')$ で更新できます．

以上より，DCDM アルゴリズムはアルゴリズム 7.2 のように動作します．なお，**アルゴリズム 7.2** はすべての $s \in [n]$ において，$\Delta\alpha_s = 0$ となった時点で終了します[*2]．

アルゴリズム 7.2 DCDM アルゴリズム

1: 入力：訓練データ $\{(x_i, y_i)\}_{i \in [n]}$，正則化パラメータ C
2: 出力：双対問題の最適解 $\alpha \in \mathbb{R}^n$，主問題の最適解 $w \in \mathbb{R}^d$
3: 初期化：$\alpha \leftarrow 0, w \leftarrow 0, \Delta_{\max} \leftarrow \infty$
4: **while** $|\Delta_{\max}| \neq 0$ **do**
5: 　　$\Delta_{\max} \leftarrow 0$
6: 　　**for** $s = 1, \ldots, n$ **do**
7: 　　　　式 (7.21) により $\Delta\alpha_s$ を計算
8: 　　　　$\alpha_s \leftarrow \alpha_s + \Delta\alpha_s$
9: 　　　　$\Delta_{\max} \leftarrow \max\{\Delta_{\max}, |\Delta\alpha_s|\}$
10: 　　　　式 (7.22) により w を更新
11: 　　**end for**
12: **end while**

[*2] 実際には，アルゴリズム 7.2 の $\Delta_{\max}$ の値が許容値（例えば 10^{-3}）を下回った時点で終了します．

Chapter 8

モデル選択と正則化パス追跡

SVM の実応用では，正則化パラメータなどのハイパーパラメータを適切に決める必要があります．この問題はモデル選択と呼ばれ，機械学習における重要なトピックの一つです．本章の前半では，まず，モデル選択法の一つである交差検証法を紹介します．モデル選択では，多くのハイパーパラメータで SVM の学習を行うため，最適化問題を繰り返し解く必要があります．この計算コストを減らすアプローチとして，正則化パス追跡と呼ばれる方法が提案されています．この方法を用いると，正則化パラメータ C を徐々に変化させたときに最適解がどのように変化するかを追跡でき，モデル選択を効率的に行えます．本章の後半では，SV 分類のための正則化パス追跡法を紹介します．

8.1 モデル選択と交差検証法

本節では SVM のモデル選択と交差検証法を説明します．主に SV 分類を例に説明しますが，SV 回帰など他の問題設定においてもほぼ同様の議論が可能です．

8.1.1 モデル選択

SVM の実応用では，正則化パラメータやカーネルパラメータなどのハイ

Chapter 8 モデル選択と正則化パス追跡

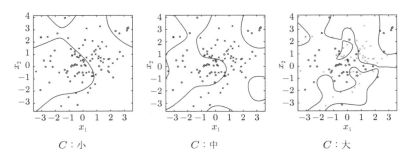

図 8.1 さまざまな正則化パラメータ C に対する SV 分類器の分類境界.

パーパラメータを適切に決める必要があります.このため,さまざまなハイパーパラメータにおける SVM の学習を行い(すなわち,最適化問題を解き),どのモデルがよいかを選択しなければなりません.このタスクを**モデル選択**(**model selection**)と呼びます.一般的なモデル選択に関しては,文献 [8] の第 7 章に詳しく記載されていますので,本書では,SVM のモデル選択に話を限定します.

図 8.1 にさまざまな正則化パラメータ C に対する SV 分類器が示されています.左から順に正則化パラメータ C が小さい場合,中程度の場合,大きい場合に学習(最適化)したものです.モデル選択とは,例えば,これらの三つのモデルのうち一つを選択することです.C が小さすぎると**未学習**(**under-fitting**)となり,訓練データへのあてはまりが不十分になってしまいます.一方,C が大きすぎると**過学習**(**over-fitting**)が起こり,汎化性能が悪くなってしまいます.未学習でもなく過学習でもないようなバランスのとれた正則化パラメータを選択することが必要です.

モデル選択ではハイパーパラメータの候補をあらかじめいくつか用意しておき,そのなかで最もよいものを選択する方針がとられます.候補をどのように選択すべきかは最終的に選ばれる分類器の性質に大きく依存しますが,試行錯誤的に決められることが多いのが現状です.ハイパーパラメータ数が一つか二つ程度の場合,候補となる範囲を均等分割し[*1],そのグリッド点のなかから選択する場合があります.ハイパーパラメータ数が多い場合,ラン

[*1] ハイパーパラメータによっては対数スケールで均等分割する場合も多くあります.

ダムに選択する試み[25]や，ベイズ最適化と呼ばれるアプローチ[26]，勾配情報を使ったアプローチ[27]などが提案されていますが，実応用で汎用的に使われるには至っていません．8.2節で紹介する正則化パス追跡はSVMの正則化パラメータを選択するための方法です．この方法では，有限個の候補点から一つを選ぶのでなく，最適解を正則化パラメータCの関数として求めることができます．このため，候補点の選択に依存せずにモデル選択を行えるという利点があります．

適切なモデルを選択するには，分類器の**汎化誤差**（**generalization error**）を推定する必要があります．汎化誤差とは，おおまかにいうと，未知のデータに対する誤差の期待値です．さまざまな学習アルゴリズムの汎化誤差（もしくは，その上限）を推定することは，機械学習において本質的な課題です．SVMの汎化誤差に関しても多くの理論的な研究成果がありますが，残念ながら，これらの成果をそのままモデル選択に使うのは難しいのが現状です．SVMを実応用する際のモデル選択では，**交差検証法**（**cross validation**）がよく用いられています．以下では，交差検証法について説明します．

8.1.2　交差検証法

与えられたデータを用いて分類器の学習と評価を行うには，訓練データと評価データに分割するアプローチが考えられます．訓練データを使って分類器を学習し，評価データを使って学習された分類器を評価します．分類器の学習に用いた訓練データとは異なるデータで評価しているので，過学習の影響を受けることなく，未知のデータに対する誤差を推定できます．データを学習用と評価用に2分割する場合の明らかな問題点は，手元にあるデータの一部しか学習に利用できないことです．当然ながら，訓練データ数が少ないと，学習された分類器の精度は低くなってしまいます．

交差検証法はこの問題を回避するための方法です．図8.2に交差検証法のイメージ図を示します．この図では，データ集合が5個の部分集合に分割されていますが，分割数kにおける交差検証法を**k分割交差検証法**（**k-fold cross-validation**）と呼びます．一般的に，$k = 5, 10$などとすることが多いようです．手元にn_{all}個の訓練事例からなるデータ集合があるとし，これを$\mathcal{D}_{\text{all}} = [n_{\text{all}}]$と表記することにします．$k$分割交差検証法では，$\mathcal{D}_{\text{all}}$を$k$

図 8.2 交差検証法のイメージ．図ではデータを 5 分割して交差検証法を行う 5 分割交差検証法のイメージを示している．

個の重複のない部分集合 $\mathcal{D}_1,\ldots,\mathcal{D}_k$ にランダムに等分割します．簡単のため，n_{all} が k の倍数であるとすると，各部分集合 $\{\mathcal{D}_\kappa\}_{\kappa\in[k]}$ は n_{all}/k 個の事例から構成されます．

k 分割交差検証法では k 回の学習と評価を行います．図 8.2 に沿って説明すると，1 回目は $\mathcal{D}_2\sim\mathcal{D}_k$ を集めた $\frac{k-1}{k}n_{\mathrm{all}}$ 個の事例の集合を訓練データとし，$\mathcal{D}_1$ に含まれる $\frac{1}{k}n_{\mathrm{all}}$ 個の事例の集合を評価データとします．訓練データを用いて分類器を学習し，得られた分類器を評価データで評価します．同様に，2 回目は $\mathcal{D}_1, \mathcal{D}_3\sim\mathcal{D}_k$ の同じく $\frac{k-1}{k}n_{\mathrm{all}}$ 個の事例の集合を訓練データとし，$\mathcal{D}_2$ に含まれる $\frac{1}{k}n_{\mathrm{all}}$ 個の事例の集合を評価データとして，学習と評価を行います．同様のステップを k 回目まで繰り返します．

$\mathcal{D}_\kappa$ に含まれる事例以外を訓練集合として学習した分類器を $g_{(-\mathcal{D}_\kappa)}$ と表すと，k 分割交差検証法による汎化誤差の推定値は

$$\frac{1}{n_{\mathrm{all}}}\sum_{\kappa\in[k]}\sum_{i\in\mathcal{D}_\kappa}I(y_i\neq g_{(-\mathcal{D}_\kappa)}(\boldsymbol{x}_i)) \tag{8.1}$$

となります．例えば，正則化パラメータに関するモデル選択では，さまざまな C において式 (8.1) を計算し，この値が最小となるものを選択することになります．

k 分割交差検証法の k を n_{all} とした極端なものを，**一つ抜き交差検証法**（**leave-one-out cross-validation**）といいます．一つ抜き交差検証法では，n_{all} 回の学習が必要となるため，大規模データへの適用は現実的ではあ

りません．一方，一つ抜き交差検証誤差の上限を計算する方法がいくつか提案されています．実際に学習を繰り返して交差検証法を行うのでなく，交差検証誤差の上限をモデル選択の基準として使う試みもなされています[28]．

k 分割交差検証法では最適化を k 回行わなければならないため，大規模データに対しては計算コストが問題となります．交差検証法の計算を効率的に行うための一つの方法として，第 9 章で紹介する逐次学習のアプローチを使うことができます．逐次学習では，少数の訓練事例が追加されたり削除された場合に効率的に学習を行う方法です．n_{all} 個のすべての事例を使って分類器 $g_{(\mathrm{all})}$ を学習しておくと，ステップ κ で $g_{(-\mathcal{D}_\kappa)}$ を求める際，$g_{(\mathrm{all})}$ から $\mathcal{D}_\kappa$ に含まれる訓練事例を削除する逐次学習を利用することができます*2．

8.2 正則化パス追跡アルゴリズム

8.2.1 正則化パス追跡アルゴリズムの概要

本節では，SV 分類のための**正則化パス追跡アルゴリズム**[21] を説明します．このアルゴリズムは SV 分類の双対問題を解く際に利用されることが多いので，第 1 章で導出した決定関数の双対表現と双対問題を復習します．SV 回帰の決定関数は，カーネル関数 K と双対変数 $(\boldsymbol{\alpha}, b)$ を用いて，

$$f(\boldsymbol{x}) = \sum_{j \in [n]} \alpha_j y_j K(\boldsymbol{x}, \boldsymbol{x}_j) + b$$

と表されます．正則化パス追跡アルゴリズムを導入する準備として，以下の行列とベクトルを定義します．

$$\boldsymbol{Q} = \begin{bmatrix} y_1^2 K(\boldsymbol{x}_1, \boldsymbol{x}_1) & \cdots & y_1 y_n K(\boldsymbol{x}_1, \boldsymbol{x}_n) \\ \vdots & \ddots & \vdots \\ y_n y_1 K(\boldsymbol{x}_n, \boldsymbol{x}_1) & \cdots & y_n^2 K(\boldsymbol{x}_n, \boldsymbol{x}_n) \end{bmatrix}, \boldsymbol{\alpha} = \begin{bmatrix} \alpha_1 \\ \vdots \\ \alpha_n \end{bmatrix}, \boldsymbol{y} = \begin{bmatrix} y_1 \\ \vdots \\ y_n \end{bmatrix}$$

これらの行列やベクトルを用いると，SV 分類の双対問題 (1.24) は

$$\begin{aligned} \boldsymbol{\alpha}^*(C) = \underset{\boldsymbol{\alpha}}{\mathrm{argmax}} \ & \frac{1}{2} \boldsymbol{\alpha}^\top \boldsymbol{Q} \boldsymbol{\alpha} - \mathbf{1}^\top \boldsymbol{\alpha} \\ \mathrm{s.t.} \ & \boldsymbol{y}^\top \boldsymbol{\alpha} = 0, \mathbf{0} \leq \boldsymbol{\alpha} \leq C \mathbf{1} \end{aligned} \quad (8.2)$$

---

*2 詳しくは第 9 章を参照してください．

と表されます.ここで,**0**, **1** はすべての要素が 0 または 1 のベクトルです.また,二つのベクトルに関する不等号はそのすべての要素に対する不等号とします.式 (8.2) では,双対変数の最適解が正則化パラメータ C におけるものであることを明記するため,$\boldsymbol{\alpha}^*(C)$ と表しています.

正則化パス追跡アルゴリズムでは,第 1 章で議論した以下の最適性条件[*3]が重要な役割を果たします.

$$\alpha_i^*(C) = 0 \Rightarrow y_i f(\boldsymbol{x}_i) \geq 1 \tag{8.3}$$

$$0 < \alpha_i^*(C) < C \Rightarrow y_i f(\boldsymbol{x}_i) = 1 \tag{8.4}$$

$$\alpha_i^*(C) = C \Rightarrow y_i f(\boldsymbol{x}_i) \leq 1 \tag{8.5}$$

$$\sum_{i \in [n]} y_i \alpha_i^*(C) = 0 \tag{8.6}$$

最適性条件 (8.3)〜(8.5) に対応する訓練事例の集合を,それぞれ,

$$\mathcal{O} = \{i \in [n] \mid \alpha_i^*(C) = 0\} \tag{8.7}$$

$$\mathcal{M} = \{i \in [n] \mid 0 < \alpha_i^*(C) < C\} \tag{8.8}$$

$$\mathcal{I} = \{i \in [n] \mid \alpha_i^*(C) = C\} \tag{8.9}$$

と表すことにします.

以下に紹介する正則化パス追跡アルゴリズムを用いると,最適解 $\boldsymbol{\alpha}^*(C)$ を C の関数として求めることができます.すなわち,任意の $C > 0$ に対する最適解を知ることができます.なお,双対問題 (8.2) にはバイアス b が現れていませんが,正則化パス追跡アルゴリズムでは,バイアスの最適解も同様に C の関数 $b^*(C)$ として求めることができます.正則化パス追跡アルゴリズムでは,正則化パラメータ C を徐々に大きくしていったとき,集合 $\{\mathcal{O}, \mathcal{M}, \mathcal{I}\}$ がどのように変化していくかを追跡していきます.

SV 分類の双対問題 (8.2) では,集合 $\{\mathcal{O}, \mathcal{M}, \mathcal{I}\}$ が既知であれば,最適解 $(\boldsymbol{\alpha}^*(C), b^*(C))$ を C の関数として解析的に求めることができます.正則化パス追跡アルゴリズムではこの特長を利用し,

ステップ 1 固定された集合 $\{\mathcal{O}, \mathcal{M}, \mathcal{I}\}$ のもと,最適解 $(\boldsymbol{\alpha}^*(C), b^*(C))$ を正

[*3] 最適解 $(\boldsymbol{\alpha}^*(C), b^*(C))$ が満たすべき必要十分条件.

則化パラメータ C でパラメータ表現された形で求める.
ステップ 2 正則化パラメータ C を変化させたとき, 集合 $\{\mathcal{O}, \mathcal{M}, \mathcal{I}\}$ が変化するイベントを検出する.

の二つのステップを繰り返します. 以下では, ステップ1, ステップ2を順番に説明します.

8.2.2 最適解のパラメータ表現（ステップ1）

ここでは, 集合 $\{\mathcal{O}, \mathcal{M}, \mathcal{I}\}$ が既知である状況を考え, 双対問題の最適解 $(\boldsymbol{\alpha}^*(C), b^*(C))$ を正則化パラメータ C でパラメータ表現された形で求めます.

最適解において, 最適性条件 (8.4) は,

$$
\begin{aligned}
y_i f(\boldsymbol{x}_i) &= y_i \left(\sum_{j \in [n]} \alpha_j^*(C) y_j K(\boldsymbol{x}_i, \boldsymbol{x}_j) + b^*(C) \right) \\
&= \sum_{j \in [n]} \alpha_j^*(C) Q_{i,j} + y_i b^*(C) \\
&= \sum_{j \in \mathcal{O}} \alpha_j^*(C) Q_{i,j} + \sum_{j \in \mathcal{M}} \alpha_j^*(C) Q_{i,j} + \sum_{j \in \mathcal{I}} \alpha_j^*(C) Q_{i,j} + y_i b^*(C) \\
&= \sum_{j \in \mathcal{M}} \alpha_j^*(C) Q_{i,j} + C \sum_{j \in \mathcal{I}} Q_{i,j} + y_i b^*(C) = 1
\end{aligned}
\tag{8.10}
$$

と表されます. ここで, 3行目から4行目においては,

$$
i \in \mathcal{O} \Rightarrow \alpha_i^*(C) = 0, \; i \in \mathcal{I} \Rightarrow \alpha_i^*(C) = C \tag{8.11}
$$

の性質を用いています. 集合 $\mathcal{M}$ に含まれるすべての要素を並べ, 最適性条件 (8.10) を整理すると,

$$
\boldsymbol{Q}_{\mathcal{M}} \boldsymbol{\alpha}_{\mathcal{M}} + \boldsymbol{Q}_{\mathcal{M}, \mathcal{I}} \mathbf{1} C + \boldsymbol{y}_{\mathcal{M}} b = \mathbf{1} \tag{8.12}
$$

と表されます. 同様に, 最適性条件 (8.6) を整理すると,

$$
\sum_{i \in [n]} y_i \alpha_i^*(C) = \sum_{i \in \mathcal{O}} y_i \alpha_i^*(C) + \sum_{i \in \mathcal{M}} y_i \alpha_i^*(C) + \sum_{i \in \mathcal{I}} y_i \alpha_i^*(C)
$$

$$= \sum_{i \in \mathcal{M}} y_i \alpha_i^*(C) + \sum_{i \in \mathcal{I}} y_i C = 0$$

となり,これを行列やベクトルを使って表すと

$$\boldsymbol{y}_{\mathcal{M}}^{\top} \boldsymbol{\alpha}_{\mathcal{M}} + C \boldsymbol{y}_{\mathcal{I}} \mathbf{1} = 0 \tag{8.13}$$

となります.

最適性条件 (8.12) と (8.13) をまとめると,

$$\begin{bmatrix} \boldsymbol{Q}_{\mathcal{M}} & \boldsymbol{y}_{\mathcal{M}} \\ \boldsymbol{y}_{\mathcal{M}}^{\top} & 0 \end{bmatrix} \begin{bmatrix} \boldsymbol{\alpha}_{\mathcal{M}}^*(C) \\ b^*(C) \end{bmatrix} + \begin{bmatrix} \boldsymbol{Q}_{\mathcal{M},\mathcal{I}} \mathbf{1} \\ \boldsymbol{y}_{\mathcal{I}}^{\top} \mathbf{1} \end{bmatrix} C = \begin{bmatrix} \mathbf{1} \\ 0 \end{bmatrix} \tag{8.14}$$

と表すことができます.これは,$|\mathcal{M}| + 1$ 個の未知変数 $(\boldsymbol{\alpha}_{\mathcal{M}}^*(C), b^*(C))$ を持つ線形方程式となっています.したがって,$(|\mathcal{M}|+1) \times (|\mathcal{M}|+1)$ の行列

$$\boldsymbol{A} = \begin{bmatrix} \boldsymbol{Q}_{\mathcal{M}} & \boldsymbol{y}_{\mathcal{M}} \\ \boldsymbol{y}_{\mathcal{M}}^{\top} & 0 \end{bmatrix} \tag{8.15}$$

が逆行列 $\boldsymbol{A}^{-1}$ を持てば,双対変数 $(\boldsymbol{\alpha}_{\mathcal{M}}^*(C), b^*(C))$ を

$$\begin{bmatrix} \boldsymbol{\alpha}_{\mathcal{M}}^*(C) \\ b^*(C) \end{bmatrix} = -\boldsymbol{A}^{-1} \begin{bmatrix} \boldsymbol{Q}_{\mathcal{M},\mathcal{I}} \mathbf{1} \\ \boldsymbol{y}_{\mathcal{I}}^{\top} \mathbf{1} \end{bmatrix} C + \boldsymbol{A}^{-1} \begin{bmatrix} \mathbf{1} \\ 0 \end{bmatrix} \tag{8.16}$$

と求めることができます[*4].式 (8.16) は,集合 $\{\mathcal{O}, \mathcal{M}, \mathcal{I}\}$ を固定したもとでは,双対問題の最適解 $(\boldsymbol{\alpha}_{\mathcal{M}}^*(C), b^*(C))$ が正則化パラメータ C の1次関数として表されることを意味しています.集合 $\{\mathcal{O}, \mathcal{M}, \mathcal{I}\}$ を固定したもとでは,

$$\boldsymbol{\alpha}_{\mathcal{O}}^*(C) = \boldsymbol{0}, \ \boldsymbol{\alpha}_{\mathcal{I}}^*(C) = C \mathbf{1} \tag{8.17}$$

であるので,これらも含めたすべての双対変数 $(\boldsymbol{\alpha}^*(C), b^*(C))$ が正則化パラメータ C の1次関数として表現されていることになります.以下では,これらをまとめて,

$$\alpha_i^*(C) = u_i + v_i C, \ i \in [n], \ b^*(C) = u_0 + v_0 C \tag{8.18}$$

[*4] 行列 $\boldsymbol{A}$ が逆行列を持たない場合には数値計算上の複雑な処理が必要となりますが,本書では詳しい説明は省略します.

と表すことにします．また，

$$y_i f(\boldsymbol{x}_i) = \sum_{j \in [n]} y_j \alpha_j^*(C) K(\boldsymbol{x}_i, \boldsymbol{x}_j) + b^*(C), \ i \in [n]$$

であるので，$y_i f(\boldsymbol{x}_i), i \in [n]$ も C の1次関数として表すことができます．以下では，

$$y_i f(\boldsymbol{x}_i) = q_i + r_i C, \ i \in [n] \tag{8.19}$$

と表します．

8.2.3 イベント検出（ステップ2）

ここでのタスクは，正則化パラメータ C を徐々に増やしていったとき，最適解を特徴づける集合 $\{\mathcal{O}, \mathcal{M}, \mathcal{I}\}$ が変わるイベントを検出することです．このイベント検出にも式 (8.3)〜(8.6) の最適性条件を使います．最適性条件を用いると以下の四つのイベントを考える必要があります．

イベント $\mathcal{O} \to \mathcal{M}$: $i \in \mathcal{O}$ を $y_i f(\boldsymbol{x}_i) = 1$ になった瞬間に $\mathcal{M}$ へ移動させる．
イベント $\mathcal{M} \to \mathcal{O}$: $i \in \mathcal{M}$ を $\alpha_i^*(C) = 0$ になった瞬間に $\mathcal{O}$ へ移動させる．
イベント $\mathcal{I} \to \mathcal{M}$: $i \in \mathcal{I}$ を $y_i f(\boldsymbol{x}_i) = 1$ になった瞬間に $\mathcal{M}$ へ移動させる．
イベント $\mathcal{M} \to \mathcal{I}$: $i \in \mathcal{M}$ を $\alpha_i^*(C) = C$ になった瞬間に $\mathcal{I}$ へ移動させる．

前節でまとめたように，集合 $\{\mathcal{O}, \mathcal{M}, \mathcal{I}\}$ が固定されたもとでは，$\alpha_i^*(C), i \in [n]$ と $y_i f(\boldsymbol{x}_i), i \in [n]$ のすべてが C の1次関数として表されていますので，上の四つのイベントが起こる C の値を以下のように検出することができます．

イベント $\mathcal{O} \to \mathcal{M}$: $y_i f(\boldsymbol{x}_i) = 1 \Leftrightarrow q_i + r_i C = 1 \Leftrightarrow C = (1 - q_i)/r_i$
イベント $\mathcal{M} \to \mathcal{O}$: $\alpha_i^*(C) = 0 \Leftrightarrow u_i + v_i C = 0 \Leftrightarrow C = -u_i/v_i$
イベント $\mathcal{I} \to \mathcal{M}$: $y_i f(\boldsymbol{x}_i) = 1 \Leftrightarrow q_i + r_i C = 1 \Leftrightarrow C = (1 - q_i)/r_i$
イベント $\mathcal{M} \to \mathcal{I}$: $\alpha_i^*(C) = C \Leftrightarrow u_i + v_i C = C \Leftrightarrow C = -u_i/(v_i - 1)$

正則化パス追跡アルゴリズムにおいて，集合 $\{\mathcal{O}, \mathcal{M}, \mathcal{I}\}$ がわかっている

とき，次にこれらの集合の要素が変化する最小の C は

$$C_{\mathrm{BP}} = \min\Biggl\{ \min_{i \in \mathcal{O}, r_i < 0} -\frac{q_i - 1}{r_i}, \min_{i \in \mathcal{M}, v_i < 0} -\frac{u_i}{v_i},$$
$$\min_{i \in \mathcal{I}, r_i > 0} -\frac{q_i - 1}{r_i}, \min_{i \in \mathcal{M}, v_i > 0} -\frac{u_i}{v_i - 1} \Biggr\} \quad (8.20)$$

と求められます．正則化パス追跡において集合 $\{\mathcal{O}, \mathcal{M}, \mathcal{I}\}$ が変化する C の値を**ブレイクポイント**（**break point**）と呼ぶことがあります．式 (8.20) の C_{BP} の添字は Break Point を略したものです．式 (8.20) の最小値に対応する事例を i_{BP} とすると，集合 $\{\mathcal{O}, \mathcal{M}, \mathcal{I}\}$ は式 (8.20) の右辺の四つの min のうちどれがブレイクポイントに対応しているかに応じて，それぞれ，

$$\begin{aligned}
\mathcal{M} &\leftarrow \mathcal{M} \setminus \{i_{\mathrm{BP}}\}, & \mathcal{O} &\leftarrow \mathcal{O} \cup \{i_{\mathrm{BP}}\}, \\
\mathcal{M} &\leftarrow \mathcal{M} \setminus \{i_{\mathrm{BP}}\}, & \mathcal{I} &\leftarrow \mathcal{I} \cup \{i_{\mathrm{BP}}\}, \\
\mathcal{O} &\leftarrow \mathcal{O} \setminus \{i_{\mathrm{BP}}\}, & \mathcal{M} &\leftarrow \mathcal{M} \cup \{i_{\mathrm{BP}}\}, \\
\mathcal{I} &\leftarrow \mathcal{I} \setminus \{i_{\mathrm{BP}}\}, & \mathcal{M} &\leftarrow \mathcal{M} \cup \{i_{\mathrm{BP}}\}
\end{aligned} \quad (8.21)$$

と更新されます．なお，式 (8.20) の計算において条件を満たす添字 i がなければ，C をそれ以上いくら大きくしても集合 $\{\mathcal{O}, \mathcal{M}, \mathcal{I}\}$ の変化がないことを意味しています．その場合，$C = \infty$ としてアルゴリズムは終了となります．

8.2.4 正則化パス追跡アルゴリズムの区分線形性

以上より，集合 $\{\mathcal{O}, \mathcal{M}, \mathcal{I}\}$ が変わらない間は最適解が正則化パラメータ C の線形関数として表されることがわかりました．集合の要素が変わるたびに線形関数の係数 $\{u_i, v_i, q_i, r_i\}_{i \in [n]}$ が変化するので，最適解のパス全体としては正則化パラメータ C の**区分線形関数**（**piecewise-linear function**）となります．**アルゴリズム** 8.1 に SV 分類の正則化パス追跡アルゴリズムを示します．

アルゴリズム 8.1 では，ある小さな $C_{\min}$ における最適解 $(\boldsymbol{\alpha}^*(C_{\min}), b^*(C_{\min}))$ が得られているものとし，$C \in [C_{\min}, \infty)$ における最適解のパスを求めるものとなっています．集合 $\{\mathcal{O}, \mathcal{M}, \mathcal{I}\}$ がそれより小さい場合には変わらないことが保証できるような最小の C を求めることもできますが，説明が煩雑になるため本書では省略します．

アルゴリズム 8.1 SV 分類のための正則化パス追跡アルゴリズム

1: 入力: 訓練データ $\{(\boldsymbol{x}_i, y_i)\}_{i \in [n]}$, $C_{\min}$ における最適解 $(\boldsymbol{\alpha}^*(C_{\min}), b^*(C_{\min}))$
2: 出力: 正則化パス: $C_{\min} \leq C < \infty$ における $(\boldsymbol{\alpha}^*(C), b^*(C))$
3: 初期化: $C \leftarrow C_{\min}$, 最適性条件 (8.7)～(8.9) に基づき, $\{\mathcal{O}, \mathcal{M}, \mathcal{I}\}$ を初期化する
4: **while** $C < \infty$ **do**
5: 　　式 (8.15) の行列 $\boldsymbol{A}$ に関する線形方程式を解いて, 式 (8.18) の $\{(u_i, v_i)\}_{i \in [n]}$ と式 (8.19) の $\{(q_i, r_i)\}_{i \in [n]}$ を求める
6: 　　式 (8.20) によりブレイクポイント C_{BP} と対応する事例 i_{BP} を計算する
7: 　　**if** $C_{\mathrm{BP}} < \infty$ **then**
8: 　　　　集合 $\{\mathcal{O}, \mathcal{M}, \mathcal{I}\}$ を式 (8.21) のルールに基づいて更新する
9: 　　**end if**
10: **end while**

8.2.5 数値計算と計算量

　正則化パス追跡アルゴリズムは線形方程式で表された最適性条件を用いて, 集合 $\{\mathcal{O}, \mathcal{M}, \mathcal{I}\}$ の更新を行っています. 集合 $\{\mathcal{O}, \mathcal{M}, \mathcal{I}\}$ が不変な区間では, 最適解が線形に変化するので, 正則化パス全体は C の区分線形関数となります. 正則化パス追跡アルゴリズムの各ステップの主な計算コストは, 式 (8.15) の行列 $\boldsymbol{A}$ に関する線形方程式の解を求める際に生じます. 線形方程式のサイズは, $|\mathcal{M}| + 1$ となっているので, 行列 $\boldsymbol{A}$ に関する線形方程式を解くには, 通常, $\mathcal{O}(|\mathcal{M}|^3)$ のコストがかかります. しかし, 正則化パス追跡アルゴリズムでは, 集合 $\{\mathcal{O}, \mathcal{M}, \mathcal{I}\}$ の 1 要素のみが各ステップで変化するので, 線形方程式のランク 1 更新を利用すると, $\mathcal{O}(|\mathcal{M}|^2)$ で解を求めることができます. また, ブレイクポイントを求める式 (8.20) の計算には, $\mathcal{O}(n|\mathcal{M}|)$ のコストがかかります. 集合のサイズは $|\mathcal{M}| \leq n$ なので, 正則化パス全体の

ブレイクポイント数を N_{BP} とすると，総コストは $\mathcal{O}(N_{\mathrm{BP}}n^2)$ となります．ブレイクポイント数は，最悪の場合，訓練事例数 n の指数オーダーとなることが知られていますが，これは非現実的な特殊な場合であり，実用上は，n の線形オーダーとなることが実験的にわかっています．このヒューリスティクスを考慮に入れれば，SVM の正則化パスの計算コストは $\mathcal{O}(n^3)$ となり，ある 1 点の C における SV 分類器を学習するのと同じ計算コストになります．

8.2.6 正則化パス追跡アルゴリズムの例

図 8.1 は混合正規分布を用いて人工的に生成した $n = 100$，$d = 2$ の訓練集合とさまざまな C における SV 分類器の分類境界を示しています．このデータに正則化パス追跡アルゴリズムを適用したところ，242 個のブレイクポイントを持つ図 8.3 のような区分線形パスが生成されました．正則化パス追跡を行うソフトウェアとしては統計解析環境 R の svmpath パッケージがよく知られており，この例でもそのソフトウェアを利用しています．図 8.1 の三つのプロットは，それぞれ，正則化パス追跡アルゴリズムにおけるステップ 1, 100, 200 に対応しており，それぞれ，$C = 0.1$, 2.1, 1123.0 における最適な SV 分類の境界を示しています．

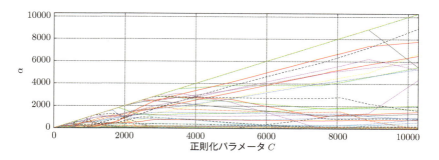

図 8.3 SV 分類の正則化パス追跡アルゴリズムの実行例．

Chapter 9

逐次学習

訓練に用いるデータ集合に変化があった場合，それに伴って最適解を計算しなおしたいことがあります．逐次学習と呼ばれる手法ではこのような状況において，それまでに得られている解を利用することで新たな解を効率よく計算します．

9.1 はじめに

与えられた訓練データに対して分類器などの学習をいったん行った後に，訓練事例を追加したり，削除したい場合があります．このとき，変化した訓練データに対して最適化問題をもう一度最初から解くこともちろんできますが，すでに得られている解を利用することでより効率的に新しい最適解を計算できないか考えるのが**逐次学習**（incremental decremental learning）です．例えば，新しい計測情報などが得られるたびに適宜データを追加してモデルを更新したい場合や，時系列のデータについて新しいものが入ると同時に古いものは削除してしまいたいという状況が考えられます．あるいはデータの種類によらず起こり得る例として，交差検証法の計算があります．交差検証法を行う場合，ほぼ同じデータに対して繰り返し最適化をする必要があります．この最適化計算の高速化を試みる一つの方法として，はじめに訓練データ全体で SVM を最適化しておき，評価用のデータを抜いて最適化を行う際には全体で得られた最適解から逐次学習するという方法があります．

SVMでは，各双対変数 α_i と事例 $(\boldsymbol{x}_i, y_i)$ に対応関係があるため，事例の追加や削除を行うことは双対変数の追加や削除を行うことに対応します．ただし，SVMでは非サポートベクトル（つまり，$\alpha_i = 0$ となる事例 i）は解に影響を与えないため，そのような事例は訓練データに追加しても削除しても影響を与えないことに注意しなければなりません．削除する事例と異なり，新しい事例 $(\boldsymbol{x}_i, y_i)$ に対する α_i は事前にはわかりませんが，もし現在の解によって $y_i f(\boldsymbol{x}_i) \geq 1$ となった場合には，$\alpha_i = 0$ とすることでKKT条件(6.12)を満たします．本章では，こういった更新の必要のない事例はあらかじめ取り除かれていることとします．

最後に，ここで取り扱う逐次学習は本書同シリーズ『オンライン機械学習』[7]で扱うオンライン学習とは異なる概念であることを注釈しておきます．オンライン学習ではデータが逐次的に与えられる状況を考え，削除については基本的に考えません．また，多くのオンライン学習法では新しい事例が与えられて分類器を更新するにあたって，それまでのデータを保持せずに現時点での分類器と新しい事例のみを使って，なるべく精度の高い分類器が得られるような更新法を考えます．この方法は計算コスト，メモリともに非常に少ない量で済みますが，データ全体に対する最適性を保証することは難しくなります．

9.2 ウォームスタート

一般に，ある最適化問題を解くときに，それと似た最適化問題の解を初期解として最適化を行い高速化を図ることを**ウォームスタート**（**warm start**）と呼び，SVMの逐次学習においてもこの方法を利用することができます（**ホットスタート**（**hot start**）と呼ばれることもあります）．

現在すでに得られている最適な双対変数を $\boldsymbol{\alpha}^0 \in \mathbb{R}^n$ とします．事例を追加する場合，双対変数の初期値として $\boldsymbol{\alpha}^0$ を直接使うことが考えられます．例えば，k 個の事例が追加され，$n+k$ 次元の新たな双対変数 $\boldsymbol{\alpha} \in \mathbb{R}^{n+k}$ の末尾 k 個がこの新しい事例に対応するとすると，ベクトル $\boldsymbol{\alpha} = (\boldsymbol{\alpha}^{0\top}, 0, \ldots, 0)^\top$ を初期値に与えることができます．多くの最適化法でこのような初期値を与えることができ，$\boldsymbol{\alpha}^0$ が新たな解に近いほど収束に必要な繰り返し回数が減る可能性があります．

一方，事例を削除する場合には等式制約 $\bm{y}^\top \bm{\alpha} = 0$ に注意しなければなりません．ある事例の集合 $\mathcal{R} \subset [n]$ を削除する場合，$\bm{y}_\mathcal{R}^\top \bm{\alpha}_\mathcal{R} \neq 0$ だとすると，そのまま $\bm{\alpha}_\mathcal{R}$ を取り除くと制約が満たされなくなってしまいます．SMO アルゴリズムをはじめとする SVM で頻繁に用いられる多くの最適化法では制約を満たす初期値を必要とするため，これを補正する必要があります．簡単な方法として $\bm{y}_\mathcal{R}^\top \bm{\alpha}_\mathcal{R}$ の値を $0 < \alpha_i < C$ であるような α_i に分配するようなヒューリスティクスが知られています．0 や C である α_i^0 は変化しにくい傾向があるため分配していません．つまり，$\delta = \bm{y}_\mathcal{R}^\top \bm{\alpha}_\mathcal{R}$ として以下のように初期値を定めます．

$$\alpha_i = \alpha_i^0 + \frac{y_i \delta}{|\{i \mid 0 < \alpha_i^0 < C\}|}, \ i \in \{i \mid 0 < \alpha_i^0 < C, \ i \in [n] \setminus \mathcal{R}\}$$

ただし，この方法を用いると α_i が $[0, C]$ の範囲を超えてしまう場合があります．そのため，範囲を超えてしまった分を再分配するなど，さらなる処理が必要になってしまう可能性があります．

9.3 アクティブセットに基づく方法

逐次学習の異なるアプローチとして，初期の最適解から新しい解へアクティブセットの変化を監視しながら更新する方法があります．はじめに現在の訓練データ $\{(\bm{x}_i, y_i)\}_{i \in [n]}$ に対する解から得られる集合 $\mathcal{O} = \{i \in [n] \mid \alpha_i^0 = 0\}$，$\mathcal{M} = \{i \in [n] \mid 0 < \alpha_i^0 < C\}$，$\mathcal{I} = \{i \in [n] \mid \alpha_i^0 = C\}$ を使って，事例が追加・削除されたときに最適性を保つ更新方向を導出します．更新方向へ進むにつれ変化する集合 $\{\mathcal{O}, \mathcal{M}, \mathcal{I}\}$ を検出しつつ，新しい解を求めます．これは，実は 8.2 節で述べた正則化パス追跡とほぼ同様の計算手続きとなります．

9.3.1 更新方向の導出

いま，ある事例 $(\bm{x}_c, y_c)$ が一つ追加あるいは削除されるとし，この事例に対応する双対変数を α_c とします．ここでは，事例 c 以外の最適性を保持したまま α_c を変化させることを考えます．

追加の場合 $\alpha_c = 0$ として初期化し，後述する方法により，もとの事例集合 $i \in [n]$ の最適性を保ったまま，事例 c を含む全体の最適性が満たされるまで α_c を増加させます．事例 c の最適性は $y_c f(\boldsymbol{x}_c)$ の値を監視することで判断できます．ここで，追加する事例については常に $y_c f(\boldsymbol{x}_c) < 1$ であることに気をつけてください．$\alpha_c = 0$ の段階で $y_c f(\boldsymbol{x}_c) \geq 1$ であれば，c を $\mathcal{O}$ に含めることで KKT 条件 (6.12) が満たされるためです．α_c を増やしていき $\alpha_c = C$ となる前に $y_c f(\boldsymbol{x}_c) = 1$ が成立したら c を $\mathcal{M}$ に加えることでマージン上の点として最適性条件 (6.13) を満たします．$\alpha_c = C$ まで辿り着いてしまった場合は，$y_c f(\boldsymbol{x}_c) < 1$ かつ $\alpha_c = C$ となるのでマージンの内側の点として式 (6.14) を満たすことがわかります．

削除の場合 追加の場合と同じく後述する方法に基づいて，α_c を 0 になるまで減らすことで事例の削除が実現できます．

最適性条件 (6.12)〜(6.16) のうち等式で表される二つの条件 (6.13) と (6.15) にまず注目し，以下のように書き換えます．

$$\sum_{j \in \mathcal{M}} Q_{ij} \alpha_j + \sum_{j \in \mathcal{I}} Q_{ij} \alpha_j + y_i b = 1, \ i \in \mathcal{M} \tag{9.1}$$

$$\sum_{j \in \mathcal{M}} y_j \alpha_j + \sum_{j \in \mathcal{I}} y_j \alpha_j = 0 \tag{9.2}$$

ここでは，$i \in \mathcal{O}$ に対応する α_i は 0 であるため和から除去されていることに注意してください．いま，α_c と b を $\Delta \alpha_c$, Δb だけ更新するとします（つまり，$\alpha_c + \Delta \alpha_c$, $b + \Delta b$）．更新後も最適性条件 (9.1) と (9.2) が保たれているためには，以下の条件が成立していなければなりません．

$$\sum_{j \in \mathcal{M}} Q_{ij} \Delta \alpha_j + Q_{ic} \Delta \alpha_c + y_i \Delta b = 0, \ i \in \mathcal{M}$$

$$\sum_{j \in \mathcal{M}} y_j \Delta \alpha_j + y_c \Delta \alpha_c = 0$$

この方程式はもとの方程式 (9.1) と (9.2) の更新による変化分だけを記述したものです．$\mathcal{O}$ と $\mathcal{I}$ に対応する α_i はそれぞれ 0 と C のままであり，変化を

考える必要がないことに注意してください．

ここまでは事例が一つのみ追加または削除される場合を考えていましたが，これを一般化して，追加される k 個の事例集合を $\mathcal{A} = \{1, \ldots, k\}$，同時に削除される事例の集合を $\mathcal{R} \subset \{1, \ldots, n\}$ とします．空集合を $\emptyset$ と表記すると，追加だけを考える場合は $\mathcal{R} = \emptyset$，削除のみを考える場合は $\mathcal{A} = \emptyset$ とすることで表現できます．事例が一つのみの場合と同じく，更新後に最適性条件 (9.1) と (9.2) が保たれるような条件を考えると以下を得ます．

$$\sum_{j \in \mathcal{M}} Q_{ij}\Delta\alpha_j + \sum_{j \in \mathcal{A}} Q_{ij}\Delta\alpha_j + \sum_{j \in \mathcal{R}} Q_{ij}\Delta\alpha_j + y_i\Delta b = 0, \ i \in \mathcal{M} \quad (9.3)$$

$$\sum_{j \in \mathcal{M}} y_j\Delta\alpha_j + \sum_{j \in \mathcal{A}} Q_{ij}\Delta\alpha_j + \sum_{j \in \mathcal{R}} Q_{ij}\Delta\alpha_j = 0 \quad (9.4)$$

この方程式に基づいて，事例が一つであった場合と同様，$\boldsymbol{\alpha}_\mathcal{A}$ は 0 から少しずつ増やし，$\boldsymbol{\alpha}_\mathcal{R}$ は初期の値から少しずつ減らしていくことを考えます．例えば，適切なステップ幅 $\eta \geq 0$ を用いて $\Delta\boldsymbol{\alpha}_\mathcal{A}, \Delta\boldsymbol{\alpha}_\mathcal{R}$ を以下のように定めます．

$$\begin{bmatrix} \Delta\boldsymbol{\alpha}_\mathcal{A} \\ \Delta\boldsymbol{\alpha}_\mathcal{R} \end{bmatrix} = \eta \begin{bmatrix} C\mathbf{1} - \boldsymbol{\alpha}_\mathcal{A} \\ -\boldsymbol{\alpha}_\mathcal{R} \end{bmatrix} \quad (9.5)$$

このようにすることで追加された事例の双対変数は最大値である C に向かい，削除される事例の双対変数は 0 へと向かいます．$\Delta\boldsymbol{\alpha}_\mathcal{A}, \Delta\boldsymbol{\alpha}_\mathcal{R}$ を定めたとき，残りの双対変数をどのように変化させるべきかを方程式 (9.3) と (9.4) を整理することで以下のように導くことができます．

$$\begin{bmatrix} \boldsymbol{Q}_\mathcal{M} & \boldsymbol{y}_\mathcal{M} \\ \boldsymbol{y}_\mathcal{M}^\top & 0 \end{bmatrix} \begin{bmatrix} \Delta\boldsymbol{\alpha}_\mathcal{M} \\ \Delta b \end{bmatrix} = -\begin{bmatrix} \boldsymbol{Q}_{\mathcal{M},\mathcal{A}} & \boldsymbol{Q}_{\mathcal{M},\mathcal{R}} \\ \boldsymbol{y}_\mathcal{A}^\top & \boldsymbol{y}_\mathcal{R}^\top \end{bmatrix} \begin{bmatrix} \Delta\boldsymbol{\alpha}_\mathcal{A} \\ \Delta\boldsymbol{\alpha}_\mathcal{R} \end{bmatrix} \quad (9.6\text{a})$$

$$\begin{bmatrix} \Delta\boldsymbol{\alpha}_\mathcal{M} \\ \Delta b \end{bmatrix} = -\begin{bmatrix} \boldsymbol{Q}_\mathcal{M} & \boldsymbol{y}_\mathcal{M} \\ \boldsymbol{y}_\mathcal{M}^\top & 0 \end{bmatrix}^{-1} \begin{bmatrix} \boldsymbol{Q}_{\mathcal{M},\mathcal{A}} & \boldsymbol{Q}_{\mathcal{M},\mathcal{R}} \\ \boldsymbol{y}_\mathcal{A}^\top & \boldsymbol{y}_\mathcal{R}^\top \end{bmatrix} \begin{bmatrix} \Delta\boldsymbol{\alpha}_\mathcal{A} \\ \Delta\boldsymbol{\alpha}_\mathcal{R} \end{bmatrix} \quad (9.6\text{b})$$

ただし，この計算を実際に行うためには適切なステップ幅 η を知る必要があります．次項で述べるように，この値もまた最適性が保たれるよう配慮して定めなければなりません．

9.3.2 イベント検出

式 (9.6a), (9.6b) は KKT 条件のうち等式として表現されている条件を使って導出しました．最適性を保証するためには，残りの不等式の条件 (6.12)，(6.14)，(6.16) が満たされていることを確かめなければなりません．ステップ幅 η を増やしていくと，やがて不等式の制約が満たされなくなる境界に辿り着いてしまいます．そこでまず，不等式制約を侵すことなくどこまで η を増やすことができるかを導出します．

式 (9.6b) に更新方向 (9.5) を代入すると以下を得ます．

$$\begin{bmatrix} \Delta \boldsymbol{\alpha}_{\mathcal{M}} \\ \Delta b \end{bmatrix} = -\eta \begin{bmatrix} \boldsymbol{Q}_{\mathcal{M}} & \boldsymbol{y}_{\mathcal{M}} \\ \boldsymbol{y}_{\mathcal{M}}^{\top} & 0 \end{bmatrix}^{-1} \begin{bmatrix} \boldsymbol{Q}_{\mathcal{M},\mathcal{A}} & \boldsymbol{Q}_{\mathcal{M},\mathcal{R}} \\ \boldsymbol{y}_{\mathcal{A}}^{\top} & \boldsymbol{y}_{\mathcal{R}}^{\top} \end{bmatrix} \begin{bmatrix} C\mathbf{1} - \boldsymbol{\alpha}_{\mathcal{A}} \\ -\boldsymbol{\alpha}_{\mathcal{R}} \end{bmatrix}$$

この式を簡潔にするために以下の行列 $\boldsymbol{\phi} \in \mathbb{R}^{|\mathcal{M}|+1}$ を定義します．

$$\boldsymbol{\phi} = -\begin{bmatrix} \boldsymbol{Q}_{\mathcal{M}} & \boldsymbol{y}_{\mathcal{M}} \\ \boldsymbol{y}_{\mathcal{M}}^{\top} & 0 \end{bmatrix}^{-1} \begin{bmatrix} \boldsymbol{Q}_{\mathcal{M},\mathcal{A}} & \boldsymbol{Q}_{\mathcal{M},\mathcal{R}} \\ \boldsymbol{y}_{\mathcal{A}}^{\top} & \boldsymbol{y}_{\mathcal{R}}^{\top} \end{bmatrix} \begin{bmatrix} C\mathbf{1} - \boldsymbol{\alpha}_{\mathcal{A}} \\ -\boldsymbol{\alpha}_{\mathcal{R}} \end{bmatrix}$$

このようにすると更新方向 (9.6b) が以下のように η の線形関数であることが明確になります．

$$\begin{bmatrix} \Delta \boldsymbol{\alpha}_{\mathcal{M}} \\ \Delta b \end{bmatrix} = \eta \, \boldsymbol{\phi} \tag{9.7}$$

不等式制約 (6.16) のうち，$\boldsymbol{\alpha}$ の非負制約について考えます．$\mathcal{M}$ の i 番目の要素を $\mathcal{M}_i$ と表記することとします．ある $\alpha_{\mathcal{M}_i} > 0$ に対して非負制約を侵さずに適用可能な η を調べるには，$\alpha_{\mathcal{M}_i} + \eta \phi_i = 0$ となる η を計算すればよいことになります．そのような η をすべての $i \in \mathcal{M}$ について逆算し，さらにそのうちの最小値を考えると以下のように表現できます．

$$\min_{i \in [|\mathcal{M}|], \phi_i < 0} -\frac{\alpha_{\mathcal{M}_i}}{\phi_i} \tag{9.8}$$

条件として $\phi_i < 0$ を入れているのは，$\alpha_{\mathcal{M}_i}$ が減少する場合のみ考えればよいためです．条件を満たす ϕ_i がなければ，η をどこまで大きくしても $\alpha_i \geq 0$ が破られることはありません．同じく，$\boldsymbol{\alpha}$ の上限 C について可能な η を考えると以下の式が得られます．

$$\min_{i \in [|\mathcal{M}|], \phi_i > 0} \frac{C - \alpha_{\mathcal{M}_i}}{\phi_i} \tag{9.9}$$

次に，不等式 (6.12), (6.14) を考えます．これらは $y_i f(\boldsymbol{x}_i)$ の値に関するものですので，$\boldsymbol{f} = (f(x_1), \ldots, f(x_n))^\top$ の変化量を $\Delta \boldsymbol{f}$ と表記することとしておきます．$\boldsymbol{f}$ の定義より，$\Delta \boldsymbol{f}$ は $\Delta \boldsymbol{\alpha}_{\mathcal{M}}$ と Δb の式として表現できます．式 (9.7) を使って整理すると以下のように η に関する線形式として $\Delta \boldsymbol{f}$ を表現することができます．

$$\Delta \boldsymbol{f} = \eta \, \mathrm{diag}(\boldsymbol{y}) \boldsymbol{\psi}$$

ただし，$\mathrm{diag}(\boldsymbol{y})$ は $\boldsymbol{y}$ の各要素を対角に並べた対角行列であり，$\boldsymbol{\psi} \in \mathbb{R}^n$ は以下のように定義されています．

$$\boldsymbol{\psi} = \begin{bmatrix} \boldsymbol{Q}_{\cdot, \mathcal{M}} & \boldsymbol{y} \end{bmatrix} \boldsymbol{\phi} + \boldsymbol{Q}_{\cdot, \mathcal{A}}(C\mathbf{1} - \boldsymbol{\alpha}_{\mathcal{A}}) - \boldsymbol{Q}_{\cdot, \mathcal{R}} \boldsymbol{\alpha}_{\mathcal{R}}$$

不等式 (6.12), (6.14) それぞれについて η をどこまで増やすことができるか以下のように逆算することができます．

$$\min_{i \in \mathcal{O}, y_i \psi_i < 0} \frac{1 - y_i f(\boldsymbol{x}_i)}{\psi_i} \tag{9.10}$$

$$\min_{i \in \mathcal{I}, y_i \psi_i > 0} \frac{1 - y_i f(\boldsymbol{x}_i)}{\psi_i} \tag{9.11}$$

また，$i \in \mathcal{A}$ の事例については以下を考慮する必要があります．

$$\min_{i \in \mathcal{A}, y_i \psi_i > 0} \frac{1 - y_i f(\boldsymbol{x}_i)}{\psi_i} \tag{9.12}$$

追加する事例 $i \in \mathcal{A}$ については初期の状態では $y_i f(\boldsymbol{x}_i) < 1$ であることに注意してください．$y_i f(\boldsymbol{x}_i) = 1$ に到達することでマージン上の点として扱うことができます．すべての不等式が満たされた状態を保つために，以上の五つの η の候補 (9.8)〜(9.12) から最小のものを採用します．また，そのようにして定めた η が 1 以上であった場合は $\eta = 1$ とします．

上記の手続きで定めたステップ幅 η によって解を更新した後，さらに進むためには集合 $\{\mathcal{O}, \mathcal{M}, \mathcal{I}\}$ を更新する必要があります[*1]．例えば $\alpha_i > 0, i \in \mathcal{M}$ であるような i が更新によって $\alpha_i = 0$ になったとすると，その事例 i を

[*1] $\eta = 1$ となった場合は，それ以上進む必要はありません．

$\mathcal{M}$ から $\mathcal{O}$ に移動します．これは 8.2 節で学んだ正則化パスにおけるイベント検出と同じ考え方であり，ここでも集合 $\{\mathcal{O}, \mathcal{M}, \mathcal{I}\}$ に変化が起こる点をブレイクポイント（**break point**）と呼びます．集合の更新方法は η がどの式によって定められたかで決まります．ブレイクポイントを引き起こした添字を i_{BP} としたときの更新方法を表 9.1 にまとめます．また，**アルゴリズム 9.1** に計算手続き全体の概要を示します．これは 8.2 節の正則化パス追跡と実質上ほぼ同じ手続きであり，計算量に関してもほぼ同様の考察が成立します．

表 9.1 解の更新に伴う集合 $\mathcal{M}, \mathcal{O}, \mathcal{I}$ の更新方法．

ステップ幅 η を定めた式	集合の更新	
	移動元	移動先
式 (9.8)	$\mathcal{M} \leftarrow \mathcal{M} \setminus i_{\mathrm{BP}}$	$\mathcal{O} \leftarrow \mathcal{O} \cup i_{\mathrm{BP}}$
式 (9.9)	$\mathcal{M} \leftarrow \mathcal{M} \setminus i_{\mathrm{BP}}$	$\mathcal{I} \leftarrow \mathcal{I} \cup i_{\mathrm{BP}}$
式 (9.10)	$\mathcal{O} \leftarrow \mathcal{O} \setminus i_{\mathrm{BP}}$	$\mathcal{M} \leftarrow \mathcal{M} \cup i_{\mathrm{BP}}$
式 (9.11)	$\mathcal{I} \leftarrow \mathcal{I} \setminus i_{\mathrm{BP}}$	$\mathcal{M} \leftarrow \mathcal{M} \cup i_{\mathrm{BP}}$
式 (9.12)	$\mathcal{A} \leftarrow \mathcal{A} \setminus i_{\mathrm{BP}}$	$\mathcal{M} \leftarrow \mathcal{M} \cup i_{\mathrm{BP}}$

アルゴリズム 9.1 アクティブセットに基づく逐次学習

1: 入力：訓練データ $\{(\boldsymbol{x}_i, y_i)\}_{i \in [n]}$ とその最適解 $\{\alpha_i\}_{i \in [n]}$
2: 出力：双対問題の最適解 $\{\alpha_i\}_{i \in \{[n] \setminus \mathcal{R}\} \cup \mathcal{A}}$，バイアス b
3: **repeat**
4: 　ϕ と ψ を計算
5: 　式 (9.8)〜(9.12) から得られる五つの値の最小値としてステップ幅 η を定める
6: 　$\eta \leftarrow \min\{\eta, 1\}$
7: 　$\boldsymbol{\alpha}_{\mathcal{M}} \leftarrow \boldsymbol{\alpha}_{\mathcal{M}} + \eta \boldsymbol{\phi}_{[|\mathcal{M}|]}, b \leftarrow b + \eta \phi_{|\mathcal{M}|+1}$
8: 　表 9.1 に従って集合 $\{\mathcal{M}, \mathcal{O}, \mathcal{I}, \mathcal{A}\}$ を更新
9: **until** $\eta = 1$

Chapter 10

サポートベクトルマシンのソフトウェアと実装

SVM はデータ解析の標準的なツールとなり,さまざまな分野で応用されています.多くの統計解析ソフトウェアにおいて SVM が実装され,小・中規模のデータに対して簡単に利用できるようになっています.本章の前半では,一例として,統計解析環境 R の kernlab パッケージを紹介します.一方,大規模なデータに対して SVM を利用したり,目的に応じて一部を変更したりする場合には学習アルゴリズムの実装に関する知識を持っておくことが必要です.本章の後半では,このような目的を踏まえ,LIBSVM と呼ばれる SVM ソフトウェアの実装を詳しく紹介します.LIBSVM は国立台湾大学の C. J. Lin 教授のグループが作成・管理しているフリーソフトウェアです.このソフトウェアは C++ で実装され,コードが公開されているため,目的に応じた修正や他のシステムとの統合なども比較的容易に行えます.

10.1 統計解析環境 R を用いた SVM

本節では,SVM のソフトウェアとして,統計解析環境 R の kernlab パッケージを紹介します.R はフリーの統計解析環境で SVM に限らず多くのデータ解析を行うパッケージが提供されています.R のインストールや基本的な使い方に関しては多くの書籍 [29, 30] が出版されているのでそれらを参

照してください．本節で紹介する kernlab パッケージを利用する場合,

```
> install.packages("kernlab")
```

としてパッケージをダウンロードし，はじめに,

```
> library(kernlab)
```

と宣言しておく必要があります．

10.1.1 SV 分類

2 クラス SV 分類のベンチマークデータとして mlbench というパッケージにすでに用意されている circle データを用います．以下のコマンドにより, $n = 100$ 個の訓練事例 $\{(\boldsymbol{x}_i, y_i)\}$ を作成することができます（図 10.1(a)).

```
> install.packages("mlbench")
> library(mlbench)
> data <- mlbench.circle(n = 100)
> x <- data$x
> y <- (as.numeric(data$classes-1)*2-1
```

kernlab パッケージに定義されている ksvm 関数を用いると SV 分類を以下のように行えます．

```
> f1 <- ksvm(x, y, type="C-svc", kernel="vanilladot", C=5.0)
```

このコマンドはカーネルとして線形カーネル[*1]を用い，正則化パラメータを $C = 5.0$ として学習したものです．学習した SVM によって予測を行うには,

```
> y1 <- predict(f1, x)
```

とします．同様に,

```
> f2 <- ksvm(x, y, type="C-svc", kernel="rbfdot", C=5.0,
              kpar=list(sigma=0.5))
```

[*1] 「普通」の内積という意味で vanilladot と名前がついています．

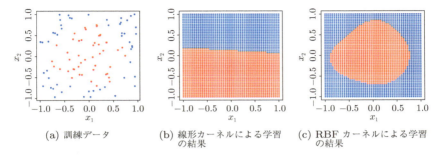

(a) 訓練データ　(b) 線形カーネルによる学習の結果　(c) RBF カーネルによる学習の結果

図 10.1 `kernlab` パッケージを用いた SV 分類の例

とすると，$\gamma = 0.5$ の RBF カーネルを用い，正則化パラメータを $C = 5.0$ として学習を行うことができます．図 10.1 に (a) 学習データ，(b) 線形カーネルによる学習結果，(c) RBF カーネルによる学習結果を示します．このデータの場合は，明らかに線形判別では不適切で RBF カーネルなどを用いた非線形判別が適していることが確認できます．

10.1.2　SV 回帰

続いて，`kernlab` パッケージを用いた SV 回帰の例を紹介します．ここでは，第 3 章で使ったデータを用います．図 3.7 は以下のような R コマンドによって作成できます．

```
> n <- 100;
> x <- runif(n, -1, 1);
> y <- numeric(n);
> z <- rnorm(n, 0, 1);
> for (i in 1:n) {
>   y[i] <- sin(2*pi*x[i])/(2*pi*x[i]) + z[i]*exp(1 - x[i])/10
>}
```

このデータに SV 回帰を学習するには，さきほどの SV 分類と同じ `ksvm` 関数を用いて，

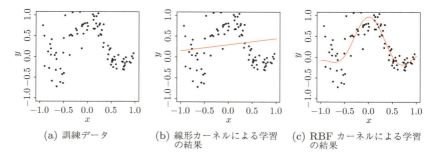

図 10.2　kernlab パッケージを用いた SV 回帰の例

```
> f1 <- ksvm(x,y,type="eps-svr",kernel="vanilladot", C=5.0,
              eps=1.0)
```

とします．ここでは，線形カーネルを用い，正則化パラメータを $C = 5.0$ とし，$\varepsilon = 1.0$ としています．非線形回帰を行うために RBF カーネルを用いる場合，

```
f2 <- ksvm(x,y,type="eps-svr",kernel="rbfdot", C=5.0,
              eps=0.25, kpar=list(sigma=1.0))
```

のようにします．ただし，RBF カーネルのパラメータを $\gamma = 1.0$ としています．図 10.2 に (a) 訓練データ，(b) 線形カーネルによる学習の結果，(c) RBF カーネルによる学習の結果を示します．この場合も，RBF カーネルを用いることで非線形性をうまく推定できていることがわかります．

10.2　LIBSVM ソフトウェアの実装

本節では，LIBSVM と呼ばれる SVM のソフトウェアの実装を詳しく紹介します．LIBSVM は http://www.csie.ntu.edu.tw/˜cjlin/libsvm/ より取得可能です．

LIBSVM では，第 1 章，第 3 章，第 4 章 で学んだ SV 分類，SV 回帰，1 クラス SVM を共通の二次計画問題として定式化します．三つの問題に共通の最適化問題は

$$\min_{\boldsymbol{\alpha} \in \mathbb{R}^n} J(\boldsymbol{\alpha}) = \frac{1}{2}\boldsymbol{\alpha}^\top \boldsymbol{Q}\boldsymbol{\alpha} + \boldsymbol{p}^\top \boldsymbol{\alpha} \tag{10.1}$$
$$\text{s.t.} \quad \boldsymbol{z}^\top \boldsymbol{\alpha} = \Delta, \ 0 \leq \alpha_i \leq C, \ i \in [n]$$

と表されます．SV 分類の場合，式 (10.1) において，$\boldsymbol{p} = -\boldsymbol{1}, \Delta = 0, \boldsymbol{z} = \boldsymbol{y}$ とすると双対問題 (1.10) と一致します．1 クラス SVM の場合，$\boldsymbol{p} = \boldsymbol{0}$，$\Delta = 1, \boldsymbol{z} = \boldsymbol{1}$ とし，$C = \frac{1}{n\nu}$ と置き換えれば，式 (10.1) は双対問題 (4.13) と一致します．SV 回帰の場合，以下のように行列とベクトルを定義します．

$$\tilde{\boldsymbol{\alpha}} = \begin{bmatrix} \boldsymbol{\alpha}^+ \\ \boldsymbol{\alpha}^- \end{bmatrix}, \ \tilde{\boldsymbol{Q}} = \begin{bmatrix} \boldsymbol{Q} & -\boldsymbol{Q} \\ -\boldsymbol{Q} & \boldsymbol{Q} \end{bmatrix}, \ \tilde{\boldsymbol{d}} = \begin{bmatrix} \varepsilon\boldsymbol{1} - \boldsymbol{y} \\ \varepsilon\boldsymbol{1} + \boldsymbol{y} \end{bmatrix}, \ \tilde{\boldsymbol{e}} = \begin{bmatrix} \boldsymbol{1} \\ -\boldsymbol{1} \end{bmatrix}$$

これらの定義を用いると，SV 回帰の双対問題 (3.14) は

$$\min_{\boldsymbol{\alpha}^+, \boldsymbol{\alpha}^- \in \mathbb{R}^n} \frac{1}{2}\tilde{\boldsymbol{\alpha}}^\top \tilde{\boldsymbol{Q}}\tilde{\boldsymbol{\alpha}} + \tilde{\boldsymbol{d}}^\top \tilde{\boldsymbol{\alpha}}$$
$$\text{s.t.} \quad \tilde{\boldsymbol{e}}^\top \tilde{\boldsymbol{\alpha}} = 0, \ 0 \leq \alpha_i^+, \ \alpha_i^- \leq C, \ i \in [n]$$

と書き換えることができ，式 (10.1) の形式になります．

なお，LIBSVM では，第 3 章 の多クラス分類を行うために 1 対他方式のペアワイズカップリングが採用されています．2.3.2 項で説明した条件付き確率の推定も行えるようになっています．

10.3 LIBSVM のアルゴリズムの流れ

LIBSVM は SMO アルゴリズムに基づいて設計されています．LIBSVM には高速化のためのさまざまな工夫が施されていますが，このうち，**シュリンキング**（**shrinking**）と呼ばれる機構が有効に働くことが知られています．シュリンキングを用いる場合，2 種類の作業集合を利用することになります．本章では，これらを第一作業集合 $\mathcal{S}_1$ および第二作業集合 $\mathcal{S}_2$ と呼ぶことにします．訓練集合全体で n 個の事例があるとすると，$\mathcal{S}_2 \subset \mathcal{S}_1 \subseteq [n]$ の関係が成り立ちます．シュリンキングは第一作業集合を選ぶために利用されます．おおまかにいえば，第一作業集合は最適解において $0 < \alpha_i < C$ となることが予想される訓練事例の集合です．最適解を得るまではどの訓練事例が $0 < \alpha_i < C$ となるかわからないので，ヒューリスティクスを用いて予

測する必要があります．これまでに学んだように，SVM の双対変数の一部は $\alpha_i = 0$ や $\alpha_i = C$ となります．シュリンキングの基本アイデアは，最適化の途中段階で $\alpha_i = 0$ や $\alpha_i = C$ となりそうなものを推測し，いったん最適化のプロセスから除いてしまうことです．LIBSVM では，シュリンキングによって選ばれた第一作業集合 $\mathcal{S}_1$ に対して SMO アルゴリズムを適用しています．SMO アルゴリズムのなかで使われる作業集合が第二作業集合 $\mathcal{S}_2 = \{s, t\}$ となります．シュリンキングを用いた LIBSVM のアルゴリズム流れを**アルゴリズム** 10.1 に示します．以降では，アルゴリズム 10.1 の各ステップの詳細を説明します．

アルゴリズム 10.1 LIBSVM のアルゴリズム流れ

1: $\boldsymbol{\alpha}_{[n]}$ を初期化する
2: 第一作業集合を $\mathcal{S}_1 \leftarrow [n]$ と初期化する
3: **while** ($\boldsymbol{\alpha}_{[n]}$ が停止条件を満たしていない) **do**
4: 　一定回数ごとにシュリンキングにより第一作業集合 $\mathcal{S}_1 \subset [n]$ を選択
5: 　**while** ($\boldsymbol{\alpha}_{\mathcal{S}_1}$ が停止条件を満たしていない) **do**
6: 　　第二作業集合 $\mathcal{S}_2 = \{s, t\} \subset \mathcal{S}_1$ を選択する
7: 　　$\boldsymbol{\alpha}_{\mathcal{S}_1 \setminus \mathcal{S}_2}$ を定数とみなし，$\boldsymbol{\alpha}_{\mathcal{S}_2}$ を最適化し更新する
8: 　**end while**
9: **end while**

10.3.1 初期化

まず，アルゴリズム 10.1 の 1 行目の初期化について説明します．LIBSVM では，$\boldsymbol{\alpha}_{[n]}$ の実行可能解を初期値として与える必要があります．SV 分類と SV 回帰の場合，単に $\boldsymbol{\alpha}_{[n]} = \mathbf{0}$ とすれば，実行可能解となっています．一方，1 クラス SVM の場合，制約条件

$$0 \leq \alpha_i \leq 1, \quad \sum_{i \in [n]} \alpha_i = n\nu$$

を満たす必要があります．LIBSVM では，単に，

$$\alpha_1 = \ldots = \alpha_{\lfloor n\nu \rfloor} = 1, \ \alpha_{\lfloor n\nu \rfloor + 1} = n\nu - \lfloor n\nu \rfloor, \ \alpha_{\lfloor n\nu \rfloor + 2} = \ldots = \alpha_n = 0$$

としています．ただし，$\lfloor z \rfloor$ は実数 z を超えない整数を表します．一方，何らかの近似解をウォームスタートのための初期値として利用できる場合には，第 8 章で学んだアプローチを使って実行可能解を求めることで学習を効率化できる場合があります．

10.3.2 停止条件

続いて，アルゴリズム 10.1 の 3 行目と 5 行目における停止条件について説明します．共通の最適化問題 (10.1) の最適性条件は

$$\nabla_i J(\boldsymbol{\alpha}) + b z_i \begin{cases} \geq 0 & \alpha_i < C \text{ の場合} \\ \leq 0 & \alpha_i > 0 \text{ の場合} \end{cases} \tag{10.2}$$

と表すことができます．ここで，$\nabla J(\boldsymbol{\alpha}) = Q\boldsymbol{\alpha} + \boldsymbol{p}$ は目的関数 $J(\boldsymbol{\alpha})$ の勾配ベクトルを表しています．最適化問題 (10.1) において，$\boldsymbol{p} = -\boldsymbol{1}, \ \boldsymbol{z} = \boldsymbol{y}$ とすると SV 分類になりましたが，条件 (10.2) にこれらの値を代入して整理すると，

$$y_i \left(\sum_{j \in [n]} \alpha_j K_{ij} + b \right) \begin{cases} \geq 1 & \alpha_i < C \text{ の場合} \\ \leq 1 & \alpha_i > 0 \text{ の場合} \end{cases}$$

となり，1.3.3 項で学んだ SV 分類の最適性条件と一致することが確認できます．

ここで，7.2.2 項と同様に，以下の集合を定義します．

$$\begin{aligned} \mathcal{I}_{\text{up}}(\boldsymbol{\alpha}) &= \{i \mid \alpha_i < C, z_i = +1 \text{ or } \alpha_i > 0, z_i = -1\}, \\ \mathcal{I}_{\text{low}}(\boldsymbol{\alpha}) &= \{i \mid \alpha_i < C, z_i = -1 \text{ or } \alpha_i > 0, z_i = +1\} \end{aligned} \tag{10.3}$$

また，

$$m(\boldsymbol{\alpha}) = \max_{i \in \mathcal{I}_{\text{up}}(\boldsymbol{\alpha})} -z_i \nabla_i J(\boldsymbol{\alpha}),$$

$$M(\boldsymbol{\alpha}) = \min_{i \in \mathcal{I}_{\text{low}}(\boldsymbol{\alpha})} -z_i \nabla_i J(\boldsymbol{\alpha})$$

と定義します．以上の定義を用いると，最適性条件 (10.2) は

$$m(\boldsymbol{\alpha}) \leq b \leq M(\boldsymbol{\alpha}) \tag{10.4}$$

を満たすような b が存在することと等価になります．すなわち，アルゴリズムの各ステップで $m(\boldsymbol{\alpha})$ と $M(\boldsymbol{\alpha})$ を計算し，$m(\boldsymbol{\alpha}) \leq M(\boldsymbol{\alpha})$ が満たされていれば，最適性条件 (10.2) が満たされていることになります．LIBSVM では，以上の特徴を停止条件として利用しています．数値計算上の許容度を δ とすると，解 $\boldsymbol{\alpha}$ が

$$m(\boldsymbol{\alpha}) - M(\boldsymbol{\alpha}) \leq \delta \tag{10.5}$$

を満たしたときに停止するようになっています．

10.3.3　シュリンキング

シュリンキングの基本アイデアは，最適解において $\alpha_i = 0$ もしくは $\alpha_i = C$ となるものを最適化の途中で予想し，いったん除いてしまうことです．例えば，SV 分類の場合，最適性条件 (10.2) は，

$$y_i f(\boldsymbol{x}_i) = y_i(\sum_{j \in [n]} \alpha_j y_j K_{ij} + b) > 1 \Rightarrow \alpha_i = 0,$$

$$y_i f(\boldsymbol{x}_i) = y_i(\sum_{j \in [n]} \alpha_j y_j K_{ij} + b) < 1 \Rightarrow \alpha_i = C$$

となるので，

$$y_i f(\boldsymbol{x}_i) \text{ が「十分に」1 より大きい} \Rightarrow \alpha_i = 0 \text{ と固定}$$
$$y_i f(\boldsymbol{x}_i) \text{ が「十分に」1 より小さい} \Rightarrow \alpha_i = C \text{ と固定}$$

という方針が考えられます．

実装においては，どれくらい「十分に」1 より離れていればよいかを決める閾値を設定する必要があります．適切な閾値は問題に応じて変わるため，ユーザーがその都度に設定をするのは困難です．また，最適化の序盤では最適解から遠いことが予想されるので大きめの閾値を設定する必要があり，最適化の終盤では最適解に近いことが予想されるので小さめの閾値にすべきです．LIBSVM では，途中解がどれほど最適解に近いかに応じて，この閾値を自動的に調整する方法を採用しています．

前節で説明した停止条件では，$m(\boldsymbol{\alpha})$ と $M(\boldsymbol{\alpha})$ という二つの値に基づい

て，$\boldsymbol{\alpha}$ がどれほど最適解 $\boldsymbol{\alpha}^*$ に近いかどうかを判定しました．式 (10.4) より，最適化の途中では，

$$M(\boldsymbol{\alpha}) < b^* < m(\boldsymbol{\alpha})$$

となっています．ただし，b^* はバイアス b の最適値を表しています．停止条件 (10.5) より，最適解 $\boldsymbol{\alpha}^*$ においては $m(\boldsymbol{\alpha}^*)$ や $M(\boldsymbol{\alpha}^*)$ と b^* が等しくなります[*2]．したがって，最適化途中の解 $\boldsymbol{\alpha}$ に関しては，$\overline{\delta}, \underline{\delta} > 0$ を用いて

$$\begin{aligned} m(\boldsymbol{\alpha}) &= b^* + \overline{\delta}, \\ M(\boldsymbol{\alpha}) &= b^* - \underline{\delta} \end{aligned} \quad (10.6)$$

と表すことができます．このように表現したとき，$\overline{\delta}$ や $\underline{\delta}$ が小さいほど $\boldsymbol{\alpha}$ が $\boldsymbol{\alpha}^*$ に近いと解釈できます．

LIBSVM のシュリンキングでは，$\overline{\delta}$ と $\underline{\delta}$ の値を閾値として使います．例えば，上の SV 分類の例では，

$$\begin{aligned} y_i f(\boldsymbol{x}_i) \text{ が } 1 + \overline{\delta} \text{ より大きい} &\Rightarrow \alpha_i = 0 \text{ と固定} \\ y_i f(\boldsymbol{x}_i) \text{ が } 1 - \underline{\delta} \text{ より小さい} &\Rightarrow \alpha_i = C \text{ と固定} \end{aligned}$$

ということになります．最適化が進み，$\overline{\delta}$ や $\underline{\delta}$ が小さくなるほど，より多くの訓練事例を固定して取り除けることになります．なお，式 (10.6) をみると，$\overline{\delta}$ や $\underline{\delta}$ は最適なバイアス b^* に依存しており，最適化途中では計算できないように見えますが，実際には，$y_i f(\boldsymbol{x}_i)$ でなく，$y_i(f(\boldsymbol{x}_i) - b^*)$ と $1 + \overline{\delta}$ や $1 - \underline{\delta}$ を比較するため，b^* を知らずにシュリンキングの判定を行うことができます．

以上のアプローチを共通の定式化 (10.1) に適用すると，シュリンキングの規則は

$$\begin{aligned} -y_i \nabla_i J(\boldsymbol{\alpha}) > m(\boldsymbol{\alpha}) \text{ and } y_i = +1 &\Rightarrow \alpha_i = C \text{ と固定} \\ -y_i \nabla_i J(\boldsymbol{\alpha}) > m(\boldsymbol{\alpha}) \text{ and } y_i = -1 &\Rightarrow \alpha_i = 0 \text{ と固定} \\ -y_i \nabla_i J(\boldsymbol{\alpha}) < M(\boldsymbol{\alpha}) \text{ and } y_i = +1 &\Rightarrow \alpha_i = 0 \text{ と固定} \\ -y_i \nabla_i J(\boldsymbol{\alpha}) < M(\boldsymbol{\alpha}) \text{ and } y_i = -1 &\Rightarrow \alpha_i = C \text{ と固定} \end{aligned} \quad (10.7)$$

[*2] 厳密には違いがトレランス δ 以下になります．

と表すことができます.

LIBSVM では, $\min\{n, 1000\}$ 回に 1 回の頻度でシュリンキングを行います. 各時点での途中解 $\boldsymbol{\alpha}$ に基づいて式 (10.7) の判定を行い, 固定できなかったものが第一作業集合 S_1 となります[*3].

10.3.4 第二作業集合の選択

第二作業集合 $\mathcal{S}_2 = \{s, t\}$ を選択するための基本方針は, 最適性条件を満たしていない 2 変数 (α_s, α_t) を選択することです. 第二作業集合を適切に選択すると繰り返し回数を減らせることが実験によって確認されています. しかし, 適切な 2 変数を選択するために計算コストがかかるのは望ましくありません. LIBSVM では, 第二作業集合 $\mathcal{S}_2 = \{s, t\}$ を選択する際に $\boldsymbol{\alpha}_{\mathcal{S}_1}$ の停止条件判定で計算した値を利用することで効率的な選択を行っています.

最適化の途中の解 $\boldsymbol{\alpha}$ を用いると, 式 (7.13) は,

$$s = m(\boldsymbol{\alpha}) = \operatorname*{argmax}_{i \in \mathcal{I}_{\mathrm{up}}(\boldsymbol{\alpha})} -z_i \nabla_i J(\boldsymbol{\alpha}) \tag{10.8}$$

$$t = M(\boldsymbol{\alpha}) = \operatorname*{argmin}_{i \in \mathcal{I}_{\mathrm{low}}(\boldsymbol{\alpha})} -z_i \nabla_i J(\boldsymbol{\alpha}) \tag{10.9}$$

と表すことができます. すなわち, 停止条件の計算のために求めた $m(\boldsymbol{\alpha})$ と $M(\boldsymbol{\alpha})$ をそのまま利用することができます.

本書執筆時の LIBSVM(version 3.20) では, 7.2 節 で紹介したものとは若干異なった方式で $\{s, t\}$ が選択されています. 詳しい導出は省略しますが, 二つの変数のうち, s は式 (10.8) によって選択されます. 一方, t は選択された s に依存して,

$$t = \operatorname*{argmax}_{i \in \mathcal{I}_{\mathrm{low}}(\boldsymbol{\alpha}),\ \mathrm{s.t.}\ -y_i \nabla_i J(\boldsymbol{\alpha}) < -y_s \nabla_s J(\boldsymbol{\alpha})} -\frac{(-y_i \nabla_i f(\boldsymbol{\alpha}) + y_j \nabla_s f(\boldsymbol{\alpha}))^2}{K_{ii} + K_{jj} - 2K_{ij}}$$

で選択されます. この選択方法は式 (10.9) による選択よりも効率的であることが, 実験によって確認されています.

[*3] これは, アルゴリズム 10.1 の 4 行目に対応しています.

Chapter 11

構造化サポートベクトルマシン

> SVMによって構造を持つデータを予測する場合には，構造化サポートベクトルマシンという拡張を利用することができます．この手法では，複雑な構造を導入することで増加する制約条件を切除平面法と呼ばれる最適化法で効率的に扱うことができます．

11.1 はじめに

本章では予測される対象となる変数 y が単純な数値でなく，構造を持つような場合を取り扱います．構造型データには例えば木構造や配列として表現されたデータがあります．自然言語処理における構文木予測では各単語間の文法上の関係が木構造として表現されます．あるいは，タンパク質の類似配列検索の問題ではタンパク質をアミノ酸の配列として表現することがあります．以下では，例として構文木の予測を考えます．構文解析は自然言語処理の分野における基本的な処理の一つです．図 11.1 は *Fruit flies like a banana* という文章に対する 2 種類の構文木です．文法上はどちらの構文木もこの文章を表現していますが，意味として正しいのは図 11.1(a) です．長く複雑な文章になるほど一つの文章に対して，あり得る構文木は増えるでしょう．構文木の予測問題では，文章が与えられたとき，どのような構文木が正しいのか推定します．

Chapter 11 構造化サポートベクトルマシン

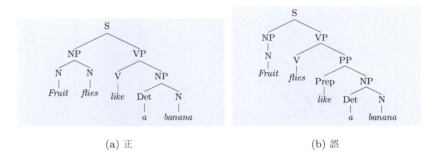

図 11.1 同一の文章 (*Fruit flies like a banana*) に対する異なる構文木．各記号は S: Sentence (文)，NP: Noun Phrase (名詞句)，VP: Verb Phrase (動詞句)，PP: Prepositional Phrase (前置詞句)，N: Noun (名詞)，V: Verb (動詞)，Prep: Preposition (前置詞)，Det: Determiner (限定詞) を表しています．

入力空間を $\mathcal{X}$，出力となる構造型データの空間を $\mathcal{Y}$ と表現すれば，構造のあるデータを予測する問題も $x \in \mathcal{X}$ から $y \in \mathcal{Y}$ を返す関数 $g: \mathcal{X} \to \mathcal{Y}$ を学習する問題だと捉えることができます．入力 $\boldsymbol{x} \in \mathcal{X}$ に対して，ある出力 $y \in \mathcal{Y}$ がどの程度適合しているかを評価する関数を $f: \mathcal{X} \times \mathcal{Y} \to \mathbb{R}$ とします．この関数 $f(\boldsymbol{x}, y)$ を使って予測を行うモデル $g(\boldsymbol{x})$ を以下のように定義します．

$$g(\boldsymbol{x}) = \operatorname*{argmax}_{y \in \mathcal{Y}} f(\boldsymbol{x}, y)$$

このような予測モデルを考えれば，これまで扱ってきた手法同様に訓練データから $f(\boldsymbol{x}, y)$ を推定すればよいということになるでしょう．しかし，このような問題では $\mathcal{Y}$ の空間が広大になることが多く，最適化計算が難しくなってしまいます．**構造化サポートベクトルマシン（structural support vector machine）**（以下**構造化 SVM**）は出力変数が構造を持つ問題に対し，最大マージンの考え方を適用する手法であり，$\mathcal{Y}$ の要素の多さによって増えてしまう制約条件を**切除平面法（cutting plane method）**と呼ばれる最適化法によって効率的に扱うことができます．本章では構造化 SVM の定式化と切除平面法の適用について述べ，また，ランキング学習への応用例を紹介します．

11.2 結合特徴ベクトル空間における最大マージン

ここでは，x と y の組合せによって決定関数 $f(x, y)$ が定められていました．そこで，x と y の組合せによって定められるベクトル $\Psi(x, y)$ を考え，その線形関数として $f(x, y)$ を定義します．

$$f(x, y) = w^\top \Psi(x, y)$$

ベクトル $\Psi(x, y)$ を結合特徴ベクトルと呼ぶこととします．図 11.2 は構文木予測における結合特徴ベクトルの例です．

ある事例 i について正しい予測を行うためには以下の不等式が成立していなければなりません．

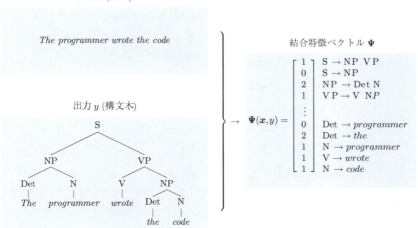

図 11.2 構文木予測における入出力変数と結合特徴ベクトルの関係．入力文章 x と構文木 y によって結合特徴ベクトルが決まります．ここでは木における生成規則の適用回数を特徴としています．生成規則とは図中右の S → NP VP などのことを指します．この場合，文（S）から名詞句（NP）と動詞句（VP）が生成されるという規則を表現しており，左下の構文木では最上部の分岐に相当します．

$$w^\top \Psi(x_i, y_i) > w^\top \Psi(x_i, y), \ y \in \mathcal{Y} \setminus y_i$$

ただし，$\mathcal{Y} \setminus y_i$ は集合 $\mathcal{Y}$ から y_i を取り除いたものとします．新たにベクトル $\delta\Psi_i(y) = \Psi(x_i, y_i) - \Psi(x_i, y)$ を定義すると，この不等式を以下のように書き換えることができます．

$$w^\top \delta\Psi_i(y) > 0, \ y \in \mathcal{Y} \setminus y_i$$

$\delta\Psi_i(y)$ を特徴ベクトルとみなすと，以下のようなマージン最大化問題を定式化することができます．

$$\max_{w, M} \frac{M}{\|w\|}$$
$$\text{s.t.} \ w^\top \delta\Psi_i(y) > M, \ y \in \mathcal{Y} \setminus y_i, \ i \in [n]$$

通常の SVM と同様に，変数を置き換えると以下を得ます．

$$\min_{w} \|w\|^2$$
$$\text{s.t.} \ w^\top \delta\Psi_i(y) \geq 1, \ y \in \mathcal{Y} \setminus y_i, \ i \in [n]$$

この問題ではすべての y_i が予測できることを仮定していることになり，ソフトマージンと同様の緩和を考えると以下の最適化問題に帰着されます．

$$\begin{aligned}
\min_{w, \xi} \ & \frac{1}{2}\|w\|^2 + C \sum_{i \in [n]} \xi_i \\
\text{s.t.} \ & w^\top \delta\Psi_i(y) \geq 1 - \xi_i, \ y \in \mathcal{Y} \setminus y_i, \ i \in [n] \\
& \xi_i \geq 0, \ i \in [n]
\end{aligned} \tag{11.1}$$

ここでは，特定の i に対して ξ_i はすべての $y \in \mathcal{Y} \setminus y_i$ において共有されていることに注意してください．この最適化問題は通常の SVM と同じく凸 2 次最適化問題であり，一般的な最適化手法によって最適解を得ることができます．

最適化問題 (11.1) の双対問題を導出します．ラグランジュ関数は以下で与えられます．

$$L = \frac{1}{2}\|w\|^2 + C \sum_{i \in [n]} \xi_i - \sum_{i \in [n]} \sum_{y \in \mathcal{Y} \setminus y_i} \alpha_{iy}(w^\top \delta\Psi_i(y) - 1 + \xi_i) - \sum_{i \in [n]} \mu_i \xi_i$$

ただし，$\alpha_{iy} \geq 0$ は i 番目の事例，$y \in \mathcal{Y} \setminus y_i$ に対応する双対変数だとします．主変数に関する微分から以下を得ます．

$$\frac{\partial L}{\partial \boldsymbol{w}} = \boldsymbol{w} - \sum_{i \in [n]} \sum_{y \in \mathcal{Y} \setminus y_i} \alpha_{iy} \delta \Psi_i(y) = \boldsymbol{0}$$

$$\frac{\partial L}{\partial \xi_i} = C - \sum_{y \in \mathcal{Y} \setminus y_i} \alpha_{iy} - \mu_i = 0$$

これらをラグランジュ関数に代入して，さらに行列 $\boldsymbol{Q}$ の要素を $Q_{(iy)(jy')} = (\delta \Psi_i(y))^\top \delta \Psi_i(y')$ として整理すると以下の双対問題が導かれます．

$$\max_{\boldsymbol{\alpha}} \ -\frac{1}{2} \sum_{i,j \in [n]} \sum_{y \in \mathcal{Y} \setminus y_i} \sum_{y' \in \mathcal{Y} \setminus y_j} \alpha_{iy} \alpha_{jy'} Q_{(iy)(jy')} + \sum_{i \in [n]} \sum_{y \neq y_i} \alpha_{iy}$$

$$\text{s.t.} \ \sum_{y \in \mathcal{Y} \setminus y_i} \alpha_{iy} \leq C, \ i \in [n]$$

$$\alpha_{iy} \geq 0, \ i \in [n], \ y \in \mathcal{Y} \setminus y_i$$

定義より $Q_{(iy)(jy')}$ は，以下のように展開できます．

$$\begin{aligned} Q_{(iy)(jy')} =& (\Psi(\boldsymbol{x}_i, y_i) - \Psi(\boldsymbol{x}_i, y))^\top (\Psi(\boldsymbol{x}_j, y_j) - \Psi(\boldsymbol{x}_j, y')) \\ =& \Psi(\boldsymbol{x}_i, y_i)^\top \Psi(\boldsymbol{x}_j, y_j) - \Psi(\boldsymbol{x}_i, y_i)^\top \Psi(\boldsymbol{x}_j, y') \\ & - \Psi(\boldsymbol{x}_i, y)^\top \Psi(\boldsymbol{x}_j, y_j) + \Psi(\boldsymbol{x}_i, y)^\top \Psi(\boldsymbol{x}_j, y') \end{aligned}$$

結合特徴ベクトルの内積をカーネル $K_{(iy)(jy')} = \Psi(\boldsymbol{x}_i, y)^\top \Psi(\boldsymbol{x}_j, y')$ として定義すると，対応する $\boldsymbol{Q}$ はカーネルによって表現できます．

$$Q_{(iy)(jy')} = K_{(iy_i)(jy_j)} - K_{(iy_i)(jy')} - K_{(iy)(jy_j)} + K_{(iy)(jy')}$$

11.3 最適化法

最適化問題 (11.1) は $\mathcal{Y}$ の要素それぞれについて制約が存在しますが，構造を持つ変数の空間である $\mathcal{Y}$ は膨大な要素を含むことが多く，そのような場合には単純な方法では計算が困難です．構造化 SVM では切除平面法と呼ばれる最適化法が有効であることが知られています．この方法では一度にすべての制約条件を取り扱うことを避け，現在の解において最も違反している制

約を順番に追加していきます．このようにすると，通常はすべての制約を入れる必要はなく，もとの制約のごく一部のみを追加するだけで，定められた精度を達成できます．

11.3.1 単一スラック変数による定式化

まず，最適化問題 (11.1) が以下のように表現できることを示します．

$$\min_{\boldsymbol{w},\xi} \frac{1}{2}\|\boldsymbol{w}\|^2 + C\xi$$
$$\text{s.t. } \boldsymbol{w}^\top \sum_{i\in[n]} \delta\Psi_i(\overline{y}_i) \geq \sum_{i\in[n]} I(\overline{y}_i \neq y_i) - \xi, \ \{\overline{y}_i\}_{i\in[n]} \in \mathcal{Y}^n \quad (11.2)$$
$$\xi \geq 0$$

ここでは，ξ が単一のスカラー変数であることに注意してください．もとの最適化問題 (11.1) ではある $\boldsymbol{w}$ に対して，最適な ξ_i の値は以下で表現できます．

$$\xi_i = \max_{y\in\mathcal{Y}}\{I(y \neq y_i) - \boldsymbol{w}^\top \delta\Psi_i(y)\}$$

一方，最適化問題 (11.2) ではある $\boldsymbol{w}$ に対して，最適な ξ の値は以下で表現できます．

$$\xi = \max_{\{\overline{y}_i\}_{i\in[n]}\in\mathcal{Y}^n} \left\{ \sum_{i\in[n]} I(\overline{y}_i \neq y_i) - \boldsymbol{w}^\top \sum_{i\in[n]} \delta\Psi_i(\overline{y}_i) \right\}$$

この式の和を展開して整理すると以下を得ます．

$$\xi = \max_{\{\overline{y}_i\}_{i\in[n]}\in\mathcal{Y}^n} \sum_{i\in[n]} \{I(\overline{y}_i \neq y_i) - \boldsymbol{w}^\top \delta\Psi_i(\overline{y}_i)\}$$
$$= \sum_{i\in[n]} \max_{\overline{y}_i\in\mathcal{Y}} \{I(\overline{y}_i \neq y_i) - \boldsymbol{w}^\top \delta\Psi_i(\overline{y}_i)\} = \sum_{i\in[n]} \xi_i$$

よって，任意の $\boldsymbol{w}$ に対して二つの最適化問題が同じ目的関数の値となり，最適解も同一の値となります．

最適化問題 (11.2) のラグランジュ関数は以下の通りです．

$$L = \frac{1}{2}\|\boldsymbol{w}\|^2 + C\xi - \sum_{\overline{y}\in\mathcal{Y}^n} \alpha_{\overline{y}} \left(\boldsymbol{w}^\top \sum_{i\in[n]} \delta\Psi_i(\overline{y}_i) - \sum_{i\in[n]} I(\overline{y}_i \neq y_i) + \xi \right) - \mu\xi$$

ラグランジュ関数の主変数に関する微分により以下を得ます.

$$\frac{\partial L}{\partial \boldsymbol{w}} = \boldsymbol{w} - \sum_{\overline{y}\in\mathcal{Y}^n} \alpha_{\overline{y}} \sum_{i\in[n]} \delta\Psi_i(\overline{y}_i) = \boldsymbol{0}$$

$$\frac{\partial L}{\partial \xi} = C - \sum_{\overline{y}\in\mathcal{Y}^n} \alpha_{\overline{y}} - \mu = 0$$

これをラグランジュ関数に代入して整理すると,以下の双対問題が導かれます.

$$\begin{aligned}\max_{\boldsymbol{\alpha}} \ & -\frac{1}{2} \sum_{\overline{y}\in\mathcal{Y}^n} \sum_{\overline{y}'\in\mathcal{Y}^n} \alpha_{\overline{y}} \alpha_{\overline{y}'} R_{\overline{y}\overline{y}'} + \sum_{\overline{y}\in\mathcal{Y}^n} \alpha_{\overline{y}} \sum_{i\in[n]} I(\overline{y}_i \neq y_i) \\ \text{s.t.} \ & \sum_{\overline{y}\in\mathcal{Y}^n} \alpha_{\overline{y}} \leq C \\ & \alpha_{\overline{y}} \geq 0, \ \overline{y}\in\mathcal{Y}^n \end{aligned} \quad (11.3)$$

ただし,$R_{\overline{y}\overline{y}'}$ は次式で定義されるとします.

$$\begin{aligned}R_{\overline{y}\overline{y}'} &= \sum_{i,i'\in[n]} \delta\Psi_i(\overline{y}_i)^\top \delta\Psi_{i'}(\overline{y}_{i'}) \\ &= \sum_{i,i'\in[n]} Q_{(i\overline{y}_i)(i'\overline{y}_{i'})}\end{aligned}$$

11.3.2 切除平面法

切除平面法に基づく,構造化 SVM の計算手続きを**アルゴリズム 11.1** に示します.アルゴリズム内の最適化問題 (11.4) の双対問題は式 (11.3) と同じ形になります.ただしこのとき,双対変数 $\alpha_{\overline{y}}$ は $\overline{y}\in\mathcal{W}$ に対して定義されるため,繰り返し回数の少ない間は双対変数の数は非常に少なく,高速に解くことができます.構造化 SVM における切除平面法の利点は繰り返し回数の上限を n に依存しない形で導出できることです.複雑なためここでは導出は省略しますが,このアルゴリズムの各繰り返しにおいて主問題の目的関数値の変化量の下限が導出できます.さらに目的関数の最適値は必ず $\boldsymbol{w}=0$

アルゴリズム 11.1　切除平面法による構造化 SVM

1: 入力：訓練データ $\{(\boldsymbol{x}_i, y_i)\}_{i \in [n]}$
2: 出力：双対問題の最適解 $\{\alpha_i\}_{i \in \{[n] \setminus \mathcal{R}\} \cup \mathcal{A}}$, バイアス b
3: 初期化：$\mathcal{W} \leftarrow \emptyset$
4: **repeat**
5: 　　現在の制約集合 $\mathcal{W}$ について最適化

$$\min_{\boldsymbol{w}, \xi} \frac{1}{2}\|\boldsymbol{w}\|^2 + C\xi$$
$$\text{s.t. } \boldsymbol{w}^\top \sum_{i \in [n]} \delta\Psi_i(\overline{y}_i) \geq \sum_{i \in [n]} I(\overline{y}_i \neq y_i) - \xi,\ \{\overline{y}_i\}_{i \in [n]} \in \mathcal{W}$$
$$\xi \geq 0$$

(11.4)

6: 　　最も制約を違反している y を各 $\boldsymbol{x}_i$ について計算

$$\widehat{y}_i = \underset{y \in \mathcal{Y}}{\mathrm{argmax}}\{I(y_i \neq y) - \boldsymbol{w}^\top \delta\Psi_i(y)\} \qquad (11.5)$$

7: 　　$\mathcal{W} \leftarrow \mathcal{W} \cup \{(\widehat{y}_1, \ldots, \widehat{y}_n)\}$
8: **until** $\sum_{i \in [n]} I(\widehat{y}_i \neq y_i) - \boldsymbol{w}^\top \sum_{i \in [n]} \delta\Psi_i(\widehat{y}_i) \leq \xi + n\varepsilon$

で主問題の目的関数値以下かつ 0 以上であることを考慮すると，繰り返し回数の上限が n に依存しない値として得られることが知られています[15]*1．繰り返しごとに一つの制約が追加されるため，双対変数の数は繰り返し回数に一致します．よって，0 でない双対変数の数（つまりサポートベクトルの数）が n に依存しない形で抑えられることになります*2．

　実際に最適化を効率よく行うためには，式 (11.5) を計算して，制約を最も違反している y を効率よく発見できなければなりません．式 (11.5) において $y = y_i$ の場合，argmax 内は 0 となるため，以下で表現されるそれ以外の

---

*1　制約のない状態 $\mathcal{W} = \emptyset$ での最適目的関数値は 0 であり，繰り返しごとに制約を追加するたび目的関数値が単調に増加することになります．
*2　ただし，この定式化ではサポートベクトルは必ずしも一つの $\boldsymbol{x}_i$ と関連づけられるわけではありません．

場合の値がわかればよいことになります．

$$\widehat{y}_i = \operatorname*{argmax}_{y \in \mathcal{Y} \setminus y_i} \{1 - \boldsymbol{w}^\top \delta \Psi_i(y)\}$$

定数項は無視できますので，結局は以下を計算すればよいことになります．

$$\begin{aligned}\widehat{y}_i &= \operatorname*{argmax}_{y \in \mathcal{Y} \setminus y_i} \{-\boldsymbol{w}^\top \delta \Psi_i(y)\} \\ &= \operatorname*{argmax}_{y \in \mathcal{Y} \setminus y_i} \{-\boldsymbol{w}^\top (\Psi(\boldsymbol{x}_i, y_i) - \Psi(\boldsymbol{x}_i, y))\} \\ &= \operatorname*{argmax}_{y \in \mathcal{Y} \setminus y_i} \boldsymbol{w}^\top \Psi(\boldsymbol{x}_i, y)\end{aligned}$$

この計算は個々のデータによって異なり，これを簡単に計算できるかどうかが構造化 SVM の有効性を大きく左右します．例で示した構文木予測の場合であれば，Cocke-Kasami-Younger（CKY）アルゴリズムといった手法がよく用いられます．

11.4 損失関数の導入

構造化 SVM において損失関数 $\ell(y, g(\boldsymbol{x}))$ を導入する主な方法は 2 通りあります．以下の一つ目の方法はマージンリスケーリングと呼ばれます．

$$\min_{\boldsymbol{w}, \boldsymbol{\xi}} \frac{1}{2}\|\boldsymbol{w}\|^2 + C \sum_{i \in [n]} \xi_i$$
$$\text{s.t. } \boldsymbol{w}^\top \delta \Psi_i(y) > \ell(y_i, y) - \xi_i, \ y \in \mathcal{Y} \setminus y_i, \ i \in [n]$$
$$\xi_i \geq 0, \ i \in [n]$$

もう一つの方法は以下のスラックリスケーリングという方法です．

$$\min_{\boldsymbol{w}, \boldsymbol{\xi}} \frac{1}{2}\|\boldsymbol{w}\|^2 + C \sum_{i \in [n]} \xi_i$$
$$\text{s.t. } \boldsymbol{w}^\top \delta \Psi_i(y) > 1 - \frac{\xi_i}{\ell(y_i, y)}, \ y \in \mathcal{Y} \setminus y_i, \ i \in [n]$$
$$\xi_i \geq 0, \ i \in [n]$$

どちらの方法も単一の ξ による定式化を行うことができます．マージンリス

ケーリングの場合は以下のように表現されます．

$$\min_{\boldsymbol{w},\xi} \frac{1}{2}\|\boldsymbol{w}\|^2 + C\xi$$
$$\text{s.t.} \ \boldsymbol{w}^\top \sum_{i\in[n]} \delta\Psi_i(\overline{y}_i) \geq \sum_{i\in[n]} \ell(\overline{y}_i, y_i) - \xi, \ \{\overline{y}_i\}_{i\in[n]} \in \mathcal{Y}^n$$
$$\xi \geq 0$$

スラックリスケーリングは以下のように表現されます．

$$\min_{\boldsymbol{w},\xi} \frac{1}{2}\|\boldsymbol{w}\|^2 + C\xi$$
$$\text{s.t.} \ \boldsymbol{w}^\top \sum_{i\in[n]} \ell(\overline{y}_i, y_i)\delta\Psi_i(\overline{y}_i) \geq \sum_{i\in[n]} \ell(\overline{y}_i, y_i) - \xi, \ \{\overline{y}_i\}_{i\in[n]} \in \mathcal{Y}^n$$
$$\xi \geq 0$$

いずれもアルゴリズム 11.1 とほとんど同じ手続きで解くことができます．

11.5 応用例：ランキング学習

構造化 SVM の応用例として**ランキング学習**（**learning to rank**）への応用を紹介します．ランキング学習は**検索語**（**query**）と何らかのアイテム集合（主に文書集合）が与えられたときに，アイテム集合を検索語への関連の高い順に並べ替える問題です．この問題の主要な例はウェブ検索エンジンです．この場合，使用者が入力した検索語に対して関連度の高いウェブページを表示しなければなりません．本節ではアイテム集合は文書集合であるとして記述することとします．

ランキング学習は検索語を入力とみなすと，検索語の空間 $\mathcal{X}$ から文書集合の並び替え順を出力する関数を学習する問題だと考えることができます．文書 d_i の集合（コーパス）を $\mathcal{C} = \{d_1, \ldots, d_{|\mathcal{C}|}\}$ と表現します．この $\mathcal{C}$ に含まれる文書に対するあり得るランキングの空間を $\mathcal{Y}$ とすると，ランキングを行う関数は $g: \mathcal{X} \to \mathcal{Y}$ と表現できます．

一つの検索語に対して，各文書には検索語に対する関連の有無がラベルとして $\{1,0\}$ で与えられているとします．ここではランキングの評価規準として**平均適合率**（**average precision**）（以下 **AP**）を用います．正解のラン

キング（並び順）を π、推定されたランキングを $\hat{\pi}$ とします．それぞれ i 番目にランキングされた文書の検索語への関連度 $\{0,1\}$ を $r(\pi_i)$, $r(\hat{\pi}_i)$ と表記すると，AP は次式で表現されます．

$$\mathrm{AP}(\pi, \hat{\pi}) = \frac{1}{|\{i \mid r(\pi_i) = 1\}|} \sum_{j \in \{j \mid r(\hat{\pi}_j)=1\}} \mathrm{Prec@}j$$

ただし，Prec@j は以下で定義されているとします．

$$\mathrm{Prec@}j = \frac{|\{k \mid r(\hat{\pi}_k) = 1,\ k \in [j]\}|}{j}$$

Prec@j は推定されたランキング $\hat{\pi}$ において j 位以上に関連のある文書がいくつあるかを表しています．AP から以下のように損失関数を定義します．

$$\ell(\boldsymbol{y}, \hat{\boldsymbol{y}}) = 1 - \mathrm{AP}(\pi(\boldsymbol{y}), \pi(\hat{\boldsymbol{y}})) \tag{11.6}$$

ただし，$\pi(\boldsymbol{y})$, $\pi(\hat{\boldsymbol{y}})$ をそれぞれ $\boldsymbol{y}, \hat{\boldsymbol{y}} \in \mathcal{Y}$ が作るランキングとします．複数の検索語に対して AP を計算し，平均をとった値を **MAP**（mean average precision）と呼ぶこともあります．

構造化 SVM の方法に従い，$g(\boldsymbol{x})$ を以下で定義します．

$$g(\boldsymbol{x}) = \operatorname*{argmax}_{\boldsymbol{y} \in \mathcal{Y}} f(\boldsymbol{x}, \boldsymbol{y})$$

同様に $f: \mathcal{X} \times \mathcal{Y} \to \mathbb{R}$ も結合特徴ベクトルの線形モデルを用います．

$$f(\boldsymbol{x}, \boldsymbol{y}) = \boldsymbol{w}^\top \Psi(\boldsymbol{x}, \boldsymbol{y})$$

ここで，$\boldsymbol{y}$ はランキングをペア間の関係として行列表現するものとします．つまり，$\boldsymbol{y}$ を $|\mathcal{C}| \times |\mathcal{C}|$ の行列とし，d_i が d_j より高い順位にランキングされている場合には 1，低い順位であれば -1 とします．訓練データの $\boldsymbol{y}_i$ は各文書の検索語への関連の有無を用いて作成します．このとき，関連のある文書同士，関連のない文書同士は同順として 0 を与えることとします．$\mathcal{C}^x$ と $\mathcal{C}^{\bar{x}}$ を，$\mathcal{C}$ 内で検索語 x に対して関連のある文書集合と関連のない文書集合とします．これを用いて，結合特徴ベクトルを以下のように定義します．

$$\Psi(\boldsymbol{x}, \boldsymbol{y}) = \frac{1}{|\mathcal{C}^x||\mathcal{C}^{\bar{x}}|} \sum_{i \in \{i \mid d_i \in \mathcal{C}^x\}} \sum_{j \in \{j \mid d_j \in \mathcal{C}^{\bar{x}}\}} y_{ij} \left(\boldsymbol{\phi}(\boldsymbol{x}, d_i) - \boldsymbol{\phi}(\boldsymbol{x}, d_j) \right)$$

$$\tag{11.7}$$

ただし，$\phi(\boldsymbol{x}, d_i)$ は検索語と文書から定められる特徴ベクトルとします[*3]．この特徴ベクトルでは y_{ij} の値に応じて，$\phi(\boldsymbol{x}, d_i) - \phi(\boldsymbol{x}, d_j)$ が加算されます．正しい順位を出力するためには $\boldsymbol{w}^\top \Psi(\boldsymbol{x}, \boldsymbol{y})$ が真の $\boldsymbol{y}$ で最大になる必要がありますので，順位の高い $\phi(\boldsymbol{x}, d_i)$ に対しては $\boldsymbol{w}^\top \phi(\boldsymbol{x}, d_i)$ がなるべく大きく，逆に順位の低い $\phi(\boldsymbol{x}, d_i)$ に対しては $\boldsymbol{w}^\top \phi(\boldsymbol{x}, d_i)$ がなるべく小さくすべきであることがわかります．このようにして定義された特徴ベクトル (11.7) と，損失関数 (11.6) を用いて構造化 SVM を適用すると，最大マージンの枠組みによって MAP の最適化を行うことができます．ただし，効率のよい計算を行うためには違反制約を高速に見つける必要があります[16]．

[*3] 検索語の出現頻度などに基づくものがよく用いられます．

Chapter 12

弱ラベル学習のための
サポートベクトルマシン

> 第1〜5章で教師あり学習と教師なし学習を学びましたが，本章では両者の中間に位置づけられる弱ラベル学習と呼ばれる問題設定を説明します．弱ラベル学習では，ラベルの情報が部分的にしか得られない状況で分類や回帰などの問題を考えます．本章の前半では，訓練事例のうち一部だけにラベル情報が与えられている半教師あり学習と呼ばれる問題を説明します．後半では，事例の集合にラベル情報が与えられているマルチインスタンス学習と呼ばれる問題を説明します．

12.1 はじめに

分類や回帰などの教師あり学習問題では，訓練データとして入力特徴 x と出力ラベル y の事例が必要です．入力特徴 x は自動的に観測できる場合が多いですが，出力ラベルはスキルを持った専門家が人手で与える場合もあり，コストがかかります．このような状況では，出力ラベルが部分的に不十分な形でしか与えられていないなかで学習を行う必要があります．

出力ラベルが部分的で不十分な場合のデータを**弱ラベルデータ**（**weakly labeled data**）と呼びます．弱ラベルデータにはさまざまな形式があります．例えば，訓練事例のうち，ごく一部のものだけに入力特徴 x と出力ラ

ベル y のペアが与えられ，残りの大部分は入力特徴 x のみが与えられる場合があります．このようなデータは**半教師ありデータ**（**semi-supervised data**）と呼ばれています．半教師ありデータを用いた学習は**半教師あり学習**（**semi-supervised learning**）と呼ばれています．12.2 節 では半教師あり学習のための SVM を紹介します．

弱ラベルデータの別の形式として，個々の事例でなく事例の集合にラベル情報が与えられているような状況があります．例えば，一般画像に人が写っているかを判定する問題を考えます．この場合，一般画像全体を事例とみなすことも可能ですが，一般画像には人以外のオブジェクト（車、建物など）も写っています．そのため，セグメンテーションなどの前処理によって個々のオブジェクトを抽出し，オブジェクトを事例とみなすことで性能が向上できることが知られています．このような問題設定では，個々の事例（オブジェクト）でなく，事例の集合（一般画像全体）にラベル（人が写っているか否か）が与えられます．このようなデータに対して行う学習は**マルチインスタンス学習**（**multi-instance learning**）と呼ばれています．12.3 節ではマルチインスタンス学習のための SVM を紹介します．

12.2　半教師あり学習のための SVM

本節では半教師あり学習のための SVM を紹介します．まず，12.2.1 項で半教師あり 2 クラス分類問題を定式化し，12.2.2 項以降でこれを解くための SVM を紹介します．

12.2.1　半教師あり 2 クラス分類問題

半教師あり分類問題ではラベルのある訓練事例とラベルのない訓練事例が与えられます．前者をラベルあり事例と呼び，$\{(\bm{x}_i, y_i)\}_{i \in \mathcal{L}}$ と表記します．同様に，後者をラベルなし事例と呼び，$\{\bm{x}_i\}_{i \in \mathcal{U}}$ と表記します．ここで，$\mathcal{L}$ と $\mathcal{U}$ はそれぞれラベルあり事例とラベルなし事例の添字の集合です．本章では，説明を簡潔にするため，線形 2 クラス分類問題を考えます．入力を $\bm{x}_i \in \mathbb{R}^d, i \in \mathcal{L} \cup \mathcal{U}$，出力を $y_i \in \{-1, +1\}, i \in \mathcal{L}$ とします．なお，以下で説明するすべての方法はカーネル化できるため，構造型データの扱いや非線形分類への拡張が可能です．

第1章と同様に，決定関数を

$$f(\bm{x}) = \bm{w}^\top \bm{x} + b$$

と表すことにします．半教師あり学習が完全な教師あり学習に比べて難しいのは，決定関数 f だけでなく，ラベルなし事例のラベル $\{\hat{y}_i\}_{i \in \mathcal{U}}$ も推定しなければならないためです．決定関数 f の推定とラベル $\{\hat{y}_i\}_{i \in \mathcal{U}}$ の推定は，いわば卵と鶏の関係にあります．決定関数 f が既知であれば，$f(\bm{x}_i), i \in \mathcal{U}$ の正負によって $\hat{y}_i$ を推定できます．一方，$\{\hat{y}_i\}_{i \in \mathcal{U}}$ が既知であれば，ラベルあり事例とラベルなし事例を合わせたものを訓練事例として，通常の SV 分類器の学習を行い，f を得ることができます．

半教師あり分類では，クラスバランスの制約を導入する必要があります．通常，ラベルなし事例のクラスの比がラベルあり事例のものとほぼ同じになることを制約条件として導入することになります．ラベルあり事例の正クラスの割合を $r = \frac{\#\{y_i = +1\}_{i \in \mathcal{L}}}{|\mathcal{L}|}$ とすると，ラベルなし事例においても同じクラスバランスとなるためには，

$$\frac{1}{|\mathcal{U}|} \sum_{i \in \mathcal{U}} I(\bm{w}^\top \bm{x}_i + b > 0) = r \tag{12.1}$$

という制約条件を満たす必要があります．この制約は離散的で取り扱いが困難なので，式 (12.1) を緩和した

$$\frac{1}{|\mathcal{U}|} \sum_{i \in \mathcal{U}} (\bm{w}^\top \bm{x}_i + b) = r \tag{12.2}$$

を用いることがあります．ラベルなし事例 $\{\bm{x}_i\}_{i \in \mathcal{U}}$ が $\sum_{i \in \mathcal{U}} \bm{x}_i = \bm{0}$ となるように中心化されていれば，制約条件 (12.2) を満たすためには，バイアスを

$$b = 2r - 1 \tag{12.3}$$

と固定しておけばよいことになります．以下で導入する半教師あり SVM では，バイアス b を式 (12.3) により固定し，係数ベクトル $\bm{w}$ のみを最適化します．

なお，半教師あり SVM には二つの問題設定があります．一つ目は，通常の SV 分類と同様に決定関数 f を推定し，未知のデータの分類を行うことを目的としたもので，決定関数 f の推定が目的となります．二つ目の問題設定

はトランスダクティブ学習（transductive learning）と呼ばれるものです．半教師あり学習におけるトランスダクティブ学習では，ラベルなし事例 $\{\boldsymbol{x}_i\}_{i\in\mathcal{U}}$ のラベル $\{\hat{y}_i\}_{i\in\mathcal{U}}$ を推測することだけが目的で，他の事例に対する汎化性能は気にしません．この場合，ラベルなし事例のラベル $\{\hat{y}_i\}_{i\in\mathcal{U}}$ の推定が目的となります．次節で紹介する半教師あり分類のための SVM は，当初，トランスダクティブ学習のために提案されました．そのため，**トランスダクティブ SVM**（transductive SVM）と呼ばれることもあります[*1]．

12.2.2 半教師あり SVM

本項では半教師あり2クラス分類問題に対する**半教師あり SVM**（semi-supervised SVM）を紹介します．前項で述べたように，半教師あり分類問題では決定関数 f とラベル $\{\hat{y}_i\}_{i\in\mathcal{U}}$ の両者を推定する必要があります．半教師あり SVM は以下のような最適化問題として定式化されます．

$$\min_{f,\hat{\boldsymbol{y}}\in\{\pm1\}^{|\mathcal{U}|}} J(f,\hat{\boldsymbol{y}}) = \frac{1}{2}\|\boldsymbol{w}\|^2 + C\sum_{i\in\mathcal{L}}\max\{0, 1-y_i f(\boldsymbol{x}_i)\} \\ + \tilde{C}\sum_{i\in\mathcal{U}}\max\{0, 1-\hat{y}_i f(\boldsymbol{x}_i)\} \quad (12.4)$$

ただし，f に関する最適化はそのパラメータ $\boldsymbol{w}\in\mathbb{R}^d$ に関する最適化を意味し，$\hat{\boldsymbol{y}}$ は各要素に $\hat{y}_i, i\in\mathcal{U}$ を持つ長さ $|\mathcal{U}|$ のベクトルを表しています．また，$C>0$ はラベルあり事例に対する正則化パラメータ，$\tilde{C}>0$ はラベルなし事例に対する正則化パラメータを表しています．ラベルあり事例はラベルなし事例よりも信頼度が高いので，$C>\tilde{C}$ となるように設定されます．

式 (12.4) の目的関数において，第2項はラベルあり事例の損失関数を，第3項はラベルなし事例の損失関数を表しています．どちらの項も通常の SV 分類と同様のヒンジ損失関数を用いていますが，第3項は推定したラベル $\hat{y}_i$ が含まれた形で定義されています．式 (12.4) の最小化問題では，$\hat{\boldsymbol{y}}\in\{\pm1\}^{|\mathcal{U}|}$ に関して最適化する離散最適化問題となっているため，小規模のデータでない限り，最適解を得るのは困難です．

決定関数 f とラベル $\hat{\boldsymbol{y}}$ が卵と鶏の関係にあることを述べましたが，式

[*1] トランスダクティブ SVM は，未知の事例に対する汎化能力を目的とする状況でも利用できるため，半教師あり SVM と呼ばれることもあります．本書では後者の名称で呼ぶことにします．

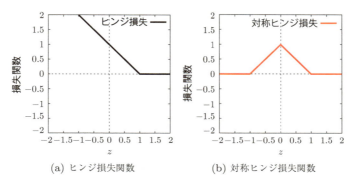

(a) ヒンジ損失関数　　(b) 対称ヒンジ損失関数

図 12.1 (a) ラベルあり事例のためのヒンジ損失関数と (b) ラベルなし事例のための対称ヒンジ損失関数.

(12.4) において決定関数 f が固定されている状況を考えます．このとき，

$$\hat{y}_i = \begin{cases} -1 & f(\boldsymbol{x}_i) < 0 \text{ の場合} \\ +1 & f(\boldsymbol{x}_i) > 0 \text{ の場合} \end{cases} \quad (12.5)$$

と $\{\hat{y}_i\}_{i \in \mathcal{U}}$ を決めると，

$$\hat{y}_i f(\boldsymbol{x}_i) = |f(\boldsymbol{x}_i)|$$

となるため，式 (12.4) から $\{\hat{y}_i\}_{i \in \mathcal{U}}$ を除いて，

$$\min_f \ J(f) = \frac{1}{2}\|\boldsymbol{w}\|^2 + C \sum_{i \in \mathcal{L}} \max\{0, 1 - y_i f(\boldsymbol{x}_i)\}$$
$$+ \tilde{C} \sum_{i \in \mathcal{U}} \max\{0, 1 - |f(\boldsymbol{x}_i)|\} \quad (12.6)$$

と書き直すことができます．図 12.1 に第 2 項の（通常の）ヒンジ損失関数と第 3 項の対称ヒンジ損失関数

$$\ell(z) = \max\{0, 1 - |z|\}$$

を示します．半教師あり SVM では，ラベルあり事例に対しては通常の SV 回帰と同様のヒンジ損失を，ラベルなし事例に対しては図 12.1(b) のような非凸（**non-convex**）な対称ヒンジ損失関数を用いることになります．

12.2.3 半教師あり SVM の非凸最適化

半教師あり SVM の学習には式 (12.6) の非凸最適化問題を解く必要があります．非凸最適化問題では，一般に，**大域的最適解（global optimal solution）** を得るのは困難なため，**局所的最適解（local optimal solution）** を得るための最適化手法を利用します．本項では，汎用的な非凸最適化手法である **CCCP 法（convex-concave procedure）** を用いて非凸最適化問題 (12.6) を解く方法を紹介します．CCCP 法は，非凸な損失関数を凸関数と凹関数に分解できます．半教師あり SVM の図 12.1(b) の対称ヒンジ損失関数は，例えば，**図 12.2**(a) の凸関数と図 12.2(b) の凹関数に分解します．

目的関数 $J(\boldsymbol{w})$ の凸関数と凹関数への分解を

$$J(\boldsymbol{w}) = J_{\text{vex}}(\boldsymbol{w}) + J_{\text{cav}}(\boldsymbol{w})$$

と表すと，CCCP 法は**アルゴリズム 12.1** のように動作します．アルゴリズム 12.1 では，凸関数 $J_{\text{vex}}(\boldsymbol{w})$ に凹関数 $J_{\text{cav}}(\boldsymbol{w})$ の線形近似を加えたものを最小化します[*2]．凸関数と線形関数の和は凸関数であるので，各ステップの式 (12.7) は凸最適化問題となっています．

CCCP 法では目的関数の単調減少を保証できます．まず，式 (12.7) の凸最適化問題の解は

$$\boldsymbol{w}_{t+1} = \underset{\boldsymbol{w}}{\operatorname{argmin}}\, J_{\text{vex}}(\boldsymbol{w}) + \nabla J_{\text{cav}}(\boldsymbol{w}_t)^\top \boldsymbol{w}$$

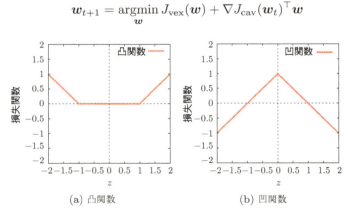

図 12.2 対称ヒンジ損失関数の凸関数 (a) と凹関数 (b) への分解．

[*2] $J_{\text{cav}}(\boldsymbol{w})$ が微分不可能な場合，$\nabla J_{\text{cav}}(\boldsymbol{w})$ として任意の劣勾配を使うことができます．

アルゴリズム 12.1 非凸最適化のための CCCP 法

1: $t \leftarrow 0, \boldsymbol{w}_t \leftarrow \boldsymbol{0}$ と初期化する
2: **while** $(\nabla J(\boldsymbol{w}_t) \neq \boldsymbol{0})$ **do**
3: 　以下の凸最適化問題を解いて $\boldsymbol{w}_t$ を更新する
$$\boldsymbol{w}_{t+1} \leftarrow \underset{\boldsymbol{w}}{\operatorname{argmin}} J_{\text{vex}}(\boldsymbol{w}) + \nabla J_{\text{cav}}(\boldsymbol{w}_t)^\top \boldsymbol{w} \quad (12.7)$$
4: 　$t \leftarrow t + 1$
5: **end while**

$$\Leftrightarrow \nabla J_{\text{vex}}(\boldsymbol{w}_{t+1}) + \nabla J_{\text{cav}}(\boldsymbol{w}_t) = \boldsymbol{0} \quad (12.8)$$

という性質を満たしています．続いて，J_{vex} の凸性から，

$$J_{\text{vex}}(\boldsymbol{w}_t) \geq J_{\text{vex}}(\boldsymbol{w}_{t+1}) + \nabla J_{\text{vex}}(\boldsymbol{w}_{t+1})^\top (\boldsymbol{w}_t - \boldsymbol{w}_{t+1}) \quad (12.9)$$

J_{cav} の凹性から，

$$J_{\text{cav}}(\boldsymbol{w}_{t+1}) \leq J_{\text{cav}}(\boldsymbol{w}_t) + \nabla J_{\text{cav}}(\boldsymbol{w}_t)^\top (\boldsymbol{w}_{t+1} - \boldsymbol{w}_t) \quad (12.10)$$

がわかります．式 (12.9) と式 (12.10) を合わせると，

$$\begin{aligned} & J_{\text{vex}}(\boldsymbol{w}_{t+1}) + J_{\text{cav}}(\boldsymbol{w}_{t+1}) \\ \leq\ & J_{\text{vex}}(\boldsymbol{w}_t) + J_{\text{cav}}(\boldsymbol{w}_t) + (\nabla J_{\text{vex}}(\boldsymbol{w}_{t+1}) + \nabla J_{\text{cav}}(\boldsymbol{w}_t))^\top (\boldsymbol{w}_{t+1} - \boldsymbol{w}_t) \end{aligned} \quad (12.11)$$

と表されます．式 (12.11) に式 (12.8) を代入して，右辺の第 3 項を除去すると，目的関数の単調減少性

$$J_{\text{vex}}(\boldsymbol{w}_{t+1}) + J_{\text{cav}}(\boldsymbol{w}_{t+1}) \leq J_{\text{vex}}(\boldsymbol{w}_t) + J_{\text{cav}}(\boldsymbol{w}_t)$$

が得られます．

12.2.4 半教師あり SVM の例

図 12.3 に半教師あり SVM を 2 次元の人工データに適用した例を示し

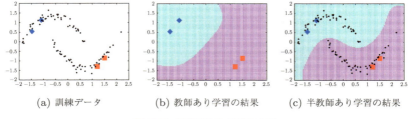

(a) 訓練データ　　(b) 教師あり学習の結果　(c) 半教師あり学習の結果

図 12.3　半教師あり SVM の例.

ます.この例では,ラベルあり事例として正負ラベルの事例がそれぞれ 2 例ずつ,ラベルなし事例として,100 事例が与えられています($|\mathcal{L}| = 4$, $|\mathcal{U}| = 100$).図 12.3(a) からわかるように,このデータは二つのクラスタから構成されています.現実のデータでは同一のクラスタに属する事例は同じクラスに属することが多いため,図 12.3(a) の状況では,上側のクラスタを負(青)クラス,下側のクラスタを正(赤)クラスとすることが望ましいように思えます.図 12.3(b) はラベルのある 4 事例のみを用いて学習した通常のSV 分類の結果を示しています.また,図 12.3(c) はラベルなし事例も含めて学習した半教師あり SV 分類の結果を示しています[3].通常の SVM ではラベルなし事例によるクラスタ構造を無視していますが,半教師あり SV 分類ではクラスタ構造をうまく取り入れた分類境界を学習しています.この例のように,同じクラスタに属する事例が同じクラスに属する可能性が高いという仮定は**クラスタ仮定(cluster assumption)**と呼ばれています.もちろん,すべてのデータにおいてクラスタ仮定が成り立つわけではないので,図 12.3(b) の分類境界が図 12.3(c) のものよりもよい場合もありえます.一方,この例のようにラベルあり事例が極端に少ない場合には,半教師あり学習の利用が有効です.

12.3　マルチインスタンス学習のための SVM

本節では**マルチインスタンス学習(multi-instance learning)**と呼ばれるタイプの弱ラベル学習問題への SVM によるアプローチを紹介します.

---

[3]　これらの例では RBF カーネルを用いた非線形分類を行っています.

12.3.1 マルチインスタンス学習とは

マルチインスタンス学習は2クラス分類問題の一種です．通常の2クラス分類問題との違いは，個々の訓練事例それぞれにラベルが与えられるのでなく，バッグ（**bag**）と呼ばれる訓練事例の集合に対してラベルが与えられることです．各バッグは複数の事例（インスタンス）から構成され，各事例は正クラスか負クラスのどちらかに属しており，それぞれ，正事例，負事例と呼びます．あるバッグに正事例が一つでも含まれている場合，そのバッグを正バッグと呼びます．逆に，あるバッグに含まれる事例がすべて負事例の場合，そのバッグを負バッグと呼びます．マルチインスタンス学習では，バッグに対するラベルのみが与えられます．負バッグにおいては含まれるすべての事例が負事例であることがわかりますが，正バッグにおいてはどれが正事例でどれが負事例であるのかわかりません．このため，正バッグに含まれる事例のラベルを推定しつつ，分類境界を求めなければなりません．

図 12.4 にマルチインスタンス学習問題の例（人工データ）を示します．この例では，赤で表される正バッグが三つ（bag1～bag3）と青で表される負バッグが二つ（bag4～bag5）あります．マルチインスタンス学習の問題設定 (a) では，負バッグに含まれる青印の事例はすべて負事例であることが確定できますが，正バッグに含まれる赤印の事例のうちどの事例が正事例であるのかわかりません．図 12.4(b) には (a) のデータの事例の真のラベル（マルチインスタンス学習では未知のもの）を示しています．例えば，正 bag1（○印）の四つの事例のうち，一つのみが正事例（赤）で，残りの三つは負事例（青）となっています．通常の2クラス分類は (b) のようにすべての事例のラベルがわかっている状況で利用しますが，マルチインスタンス学習は (a) のようにバッグのラベルのみがわかっている状況のためのものです．

マルチインスタンス学習の定式化を行う前に，典型的なマルチインスタンス学習の利用例を紹介します．マルチインスタンス学習がはじめて導入されたのは，薬として作用する分子を同定する薬剤活性分析の問題です．ある分子が薬として作用するには，その分子が標的のタンパク質と結合する部分構造を含んでいる必要があります．この問題にマルチインスタンス学習を利用する場合，個々の分子をバッグ，分子に含まれる部分構造を事例とみなします．タンパク質と結合する部分構造を正事例，結合しない部分構造を負事例

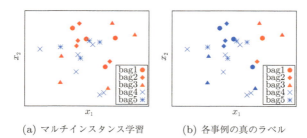

図 12.4 マルチインスタンス学習問題の例．マルチインスタンス学習 (a) では，正バッグのインスタンス（赤）のうち，どの事例が正事例でどの事例が負事例かわからない状況で学習を行います．(b) は各事例の真のラベルを表しています．

とすると，タンパク質と結合する部分構造を持った分子は正バッグ，結合しない部分構造のみから構成される分子は負バッグとなります．薬剤活性分析では，ある分子がタンパク質に作用したか否かという情報が与えられるため，マルチインスタンス学習として定式化できます．

12.1 節にも述べましたが，一般画像認識においてもマルチインスタンス学習が有効です．一般画像認識とは，1 枚の画像に複数のオブジェクトが写っている状況で，その画像に特定の対象が含まれているかどうかを判定する問題です．マルチインスタンス学習を利用する場合，1 枚の画像をバッグ，その画像に含まれるオブジェクトを事例とみなします．例えば，街中で撮った写真に人が含まれているか否かを判定したい状況では，1 枚の写真（バッグ）に，車，建物，樹木，人など複数のオブジェクト（事例）が含まれています．この問題では，「人」オブジェクトが正事例，他のオブジェクトが負事例となるため，人を含む画像を正バッグ，人を含まない画像を負バッグとみなします．一般画像認識では，個々のオブジェクトでなく，画像に対してラベルづけ（人が写っているか否か）が行われる場合が多いため，上述のようにバッグと事例を定義した場合には，マルチインスタンス学習の問題として定式化できます．

12.3.2　マルチインスタンス SVM

本項では，マルチインスタンス学習のための SVM によるアプローチとして，**マルチインスタンス SVM**（**multi-instance SVM**）と呼ばれる方法

を紹介します.

まず，マルチインスタンス学習で与えられる訓練データを定式化します．訓練データに含まれるバッグの数を N，いずれかのバッグに含まれる事例の総数を n とします（$N < n$ となります）．事例の入力ベクトルは，通常の 2 クラス分類と同様に，$\{\boldsymbol{x}_i \in \mathbb{R}^d\}_{i \in [n]}$ と表します．個々のバッグに関する訓練データを $(\mathcal{B}_\ell, Y_\ell), \ell \in [N]$ と表します．ここで，$\mathcal{B}_\ell$ は ℓ 番目のバッグに含まれる事例の添字の集合とし，$Y_\ell \in \{\pm 1\}$ はバッグのラベルを表しています．正バッグと負バッグの集合を，それぞれ，$\mathcal{P} = \{\ell \in [N] | Y_\ell = +1\}$，$\mathcal{N} = \{\ell \in [N] | Y_\ell = -1\}$ とします．また，正バッグと負バッグに含まれる事例の集合を，それぞれ，$\mathcal{U}_+ = \{i \in [n] | i \in \mathcal{B}_\ell, \ell \in \mathcal{P}\}$，$\mathcal{U}_- = \{i \in [n] | i \in \mathcal{B}_\ell, \ell \in \mathcal{N}\}$ と定義します．

マルチインスタンス SVM には二つのアプローチがあります．一つ目のアプローチは，すべての事例のラベルを推定し，各事例に対して推定されたラベルに基づいて学習を行う手法で，**mi-SVM** と呼ばれています．二つ目のアプローチは，各バッグの代表事例を決め，代表事例とバッグのラベルを用いて学習を行う手法で，**MI-SVM** と呼ばれています．以下，mi-SVM と MI-SVM を紹介します．

(1) mi-SVM

マルチインスタンス学習では，正バッグの事例のラベルが未知であるため，決定関数 f と正バッグ事例のラベルを同時に推定しなくてはなりません．ただし，正バッグでは少なくとも一つの事例のラベルが正でなければならないという制約があります．以上を定式化すると，

$$\min_{f, \{y_i\}_{i \in \mathcal{U}_+}} \frac{1}{2}\|\boldsymbol{w}\|^2 + \frac{C}{n} \sum_{i \in [n]} \max\{0, 1 - y_i f(\boldsymbol{x}_i)\} \quad (12.12\text{a})$$

$$\text{s.t.} \sum_{i \in \mathcal{B}_\ell} \frac{1 + y_i}{2} \geq 1, \ \ell \in \mathcal{P} \quad (12.12\text{b})$$

となります．ただし，決定関数 f に関する最適化は，例えば $f(\boldsymbol{x}) = \boldsymbol{w}^\top \boldsymbol{x} + b$ である場合，そのパラメータ $(\boldsymbol{w}, b)$ に関する最適化を意味します．ここで，式 (12.12a) の目的関数は通常の 2 クラス SV 分類のものと同じですが，正バッグの事例 $\{y_i \in \{\pm 1\}\}_{i \in \mathcal{U}_+}$ のラベルも推定しなければならない点が異

なっています．また，式 (12.12b) の制約条件は，正バッグに含まれる事例の少なくとも一つは正事例であるという条件を表しています．

最適化問題 (12.12) はラベル $\{y_i \in \{\pm 1\}\}_{i \in \mathcal{U}_+}$ を推定する離散最適化問題であるため，データが小規模な場合を除いて最適解を得ることは困難です．最適化問題 (12.12) では，12.2 節で学んだ半教師あり SVM と同様に，正バッグの事例のラベルと決定関数が卵と鶏の関係となっています．正バッグの事例のラベルがわかれば，決定関数の推定は SV 分類と同じ凸計画問題に帰着されます．一方，決定関数がわかれば，正バッグ事例のラベルは，

$$y_i = \begin{cases} +1 & i = \mathrm{argmax}_{i \in \mathcal{B}_\ell} f(\boldsymbol{x}_i), \ell \in \mathcal{P} \text{ の場合} \\ \mathrm{sgn}\{f(\boldsymbol{x}_i)\} & \text{それ以外の場合} \end{cases} \quad (12.13)$$

と決めることができます．ここで，場合分けが必要なのは，正バッグに少なくとも一つ正事例が含まれていなければならないという制約のためです．最適化問題 (12.12) を解くためのヒューリスティックとして，この関係を利用したアルゴリズムが提案されており，**mi-SVM** と呼ばれています．mi-SVM のアルゴリズムを**アルゴリズム** 12.2 に示します．図 12.5(b) に図 12.4 の人工データに mi-SVM を適用した例を示します．

アルゴリズム 12.2　mi-SVM アルゴリズム

1: 入力：訓練データ $\{(\{\boldsymbol{x}_i\}_{i \in \mathcal{B}_\ell}, Y_\ell)\}_{\ell \in [N]}$
2: 出力：決定関数 f
3: 初期化：$t \leftarrow 1, y_i^{(t)} \leftarrow +1, i \in U_+, y_i^{(t)} \leftarrow -1, i \in U_-$
4: **repeat**
5: 　　$y_i \leftarrow y_i^{(t)}, i \in \mathcal{U}_+$ と固定して 2 クラス SV 分類を解き，決定関数 $f^{(t)}$ を得る
6: 　　$f \leftarrow f^{(t)}$ として式 (12.13) により $y_i^{(t+1)}, i \in \mathcal{U}_+$ を得る
7: 　　$t \leftarrow t + 1$
8: **until** $\exists i \in U_+$ such that $y_i^{(t-1)} = y_i^{(t)}$

(2) MI-SVM

マルチインスタンス学習では，バッグに一つでも正事例が含まれる場合に正バッグとみなします．このため，決定関数 f が与えられたとき，バッグのラベルは

$$\hat{Y}_\ell = \text{sgn}\{\max_{i \in \mathcal{B}_\ell} f(\boldsymbol{x}_i)\} \tag{12.14}$$

と予測されます．マルチインスタンス学習をバッグのラベル推定問題とみなすと，各バッグにおいて $f(\boldsymbol{x}_i)$ が最大となる事例を代表事例とみなして，2クラス分類問題を解くものと解釈できます．この解釈を定式化すると

$$\min_{f,\{s_\ell\}_{\ell \in [N]}} \frac{1}{2}\|\boldsymbol{w}\|^2 + \frac{C}{N}\sum_{\ell \in [N]} \max\{0, 1 - Y_\ell f(\boldsymbol{x}_{s_\ell})\} \tag{12.15a}$$

$$\text{s.t} \quad s_\ell = \underset{i \in \mathcal{B}_\ell}{\text{argmax}}\, f(\boldsymbol{x}_i), \ell \in [N] \tag{12.15b}$$

となります．

最適化問題 (12.15) は，argmax 演算を制約条件に含むため，小規模なデータの場合を除いて最適解を得るのは困難です．最適化問題 (12.15) においては，半教師あり SVM や mi-SVM と同様に，f と $\{s_\ell\}_{\ell \in [N]}$ が卵と鶏の関係にあり，一方を固定すれば他方を得ることができます．この考えを利用したアルゴリズムが提案されており，**MI-SVM** と呼ばれています．なお，負バッグにおいてはすべての事例のラベルが負であることがわかっているので，正バッグのみに対して式 (12.15b) の制約条件を課した以下のような定式化がより有効であることが知られています．

$$\min_{f,\{s_\ell\}_{\ell \in \mathcal{P}}} \frac{1}{2}\|\boldsymbol{w}\|^2 + \frac{C}{|\mathcal{U}_-|}\sum_{i \in \mathcal{U}_-} \max\{0, 1 + f(\boldsymbol{x}_i)\}$$
$$+ \frac{C}{|\mathcal{P}|}\sum_{\ell \in \mathcal{P}} \max\{0, 1 - f(\boldsymbol{x}_{s_\ell})\} \tag{12.16a}$$

$$\text{s.t.} \quad s_\ell = \underset{i \in \mathcal{B}_\ell}{\text{argmax}}\, f(\boldsymbol{x}_i), \ell \in \mathcal{P} \tag{12.16b}$$

ここで，目的関数の第 2 項は負バッグの事例のラベルに対する損失であるため $y_i = -1$ となり，第 3 項は正バッグに対する損失であるため $Y_\ell = +1$ であることに注意してください．以下では，式 (12.16) の定式化を MI-SVM

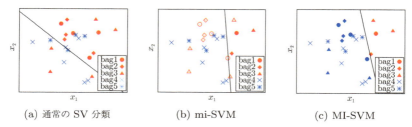

(a) 通常の SV 分類　　(b) mi-SVM　　(c) MI-SVM

図 12.5 図 12.4 の人工データに対する (a) 通常の 2 クラス SV 分類，(b) mi-SVM，(c) MI-SVM を適用した結果．(a) では，正バッグ事例をすべて正事例，負バッグ事例をすべて負事例とみなして通常の 2 クラス SV 分類を行っています．(b) では，mi-SVM アルゴリズムを用いて個々の事例のラベルを推定しています．正バッグ（bag1〜bag3）の事例の一部が負事例（青）と推定されています．(c) の MI-SVM アルゴリズムでは，正バッグの代表事例を利用しており，三つの正バッグの代表事例（塗りつぶしたもの）が示されています．

と呼ぶことにします．MI-SVM のアルゴリズムを**アルゴリズム 12.3** に示します．図 12.4 の人工データに MI-SVM を適用した例を図 12.5(c) に示します．

アルゴリズム 12.3　MI-SVM アルゴリズム

1: **入力**: 訓練データ $\{(\{\bm{x}_i\}_{i \in \mathcal{B}_\ell}, Y_\ell)\}_{\ell \in [N]}$
2: **出力**: 決定関数 f
3: **初期化**: $t \leftarrow 1$, $y_i \leftarrow +1, i \in U_+$, $y_i \leftarrow -1, i \in U_-$ として 2 クラス SV 分類を解き，決定関数 $f^{(0)}$ を得る．
$s_\ell^{(t)} \leftarrow \mathrm{argmax}_{i \in \mathcal{B}_\ell} f^{(0)}(\bm{x}_i), \ell \in \mathcal{P}$ とする
4: **repeat**
5: 　　$s_\ell \leftarrow s_\ell^{(t)}, \ell \in \mathcal{P}$ と固定し，目的関数 (12.16a) を最小化するものを $f^{(t)}$ とする
6: 　　$s_\ell^{(t+1)} \leftarrow \mathrm{argmax}_{i \in \mathcal{B}_\ell} f^{(t)}(\bm{x}_i), \ell \in \mathcal{P}$
7: 　　$t \leftarrow t + 1$
8: **until** $\exists \ell \in \mathcal{P}$ such that $s_\ell^{(t-1)} = s_\ell^{(t)}$

Bibliography

参考文献

[1] C. M. Bishop（著），元田浩，栗田多喜夫，樋口知之，松本裕治，村田昇（監訳）. パターン認識と機械学習（上）――ベイズ理論による統計的予測. 丸善出版, 2012.

[2] C. M. Bishop（著），元田浩，栗田多喜夫，樋口知之，松本裕治，村田昇（監訳）. パターン認識と機械学習（下）――ベイズ理論による統計的予測. 丸善出版, 2012.

[3] 杉山将. 機械学習のための確率と統計. 講談社, 2015.

[4] 赤穂昭太郎. カーネル多変量解析――非線形データ解析の新しい展開. 岩波書店, 2008.

[5] 福水健次. カーネル法入門――正定値カーネルによるデータ解析. 朝倉書店, 2010.

[6] 金森敬文. 統計的学習理論. 講談社, 2015.

[7] 海野裕也，岡野原大輔，得居誠也，徳永拓之. オンライン機械学習. 講談社, 2015.

[8] T. Hastie, R. Tibshirani, J. Fire（著），杉山将，井手剛，神嶌敏弘，栗田多喜夫，前田英作（監訳）. 統計的学習の基礎――データマイニング・推論・予測. 共立出版, 2014.

[9] J. C. Platt, N. Cristianini, and J. S.-Taylor. Large Margin DAGs for Multiclass Classification. *Advances in Neural Information Processing Systems*, 12, 2000.

[10] T. G. Dietterich and G. Bakiri. Solving Multiclass Learning Problems via Error-Correcting Output Codes. *Journal of Artificial Intelligence Research*, 2: 263–286, 1995.

[11] V. N. Vapnik. *Statistical Learning Theory*. Wiley-Interscience, 1998.

[12] 阿部重夫. パターン認識のためのサポートベクトルマシン入門. 森北出

版, 2011.

[13] J. S.-Taylor and N. Cristianini. *Kernel Methods for Pattern Analysis*. Cambridge University Press, 2004.

[14] S. V. N. Vishwanathan, N. N. Schraudolph, R. Kondor, and K. M. Borgwardt. Graph Kernels. *Journal of Machine Learning Research*, 11: 1–45, 2010.

[15] T. Joachims, T. Finley, and C.-N. J. Yu. Cutting-Plane Training of Structural SVMs. *Machine Learning*, 77 (1): 27–59, 2009.

[16] Y. Yue, T. Finley, F. Radlinski, and T. Joachims. A Support Vector Method for Optimizing Average Precision. *Proceedings of the 30th annual international ACM SIGIR conference on Research and development in information retrieval*, 271–278, 2007.

[17] B. Schölkopf, J. Platt, J. Shawe-Taylor, A. J. Smola, and R. C. Williamson. Estimating The Support of A High-dimensional Distribution. *Neural Computation*, 1443–1471, 2001.

[18] B. Schölkopf, A. J. Smola, R. Williamson, and P. L. Bartlett. New Support Vector Algorithms. *Neural Computation*, 1207–1245, 2000.

[19] J. Platt. Fast training of Support Vector Machines Using Sequential Minimal Optimization. *Advances in Kernel Methods - Support Vector Learning*, 185–208, 1999.

[20] C. J. Hsieh, K. W. Chang, C. J. Lin, S. S. Keerthi, and S. Sundararajan. A Dual Coordinate Descent Method for Large-scale Linear SVM. *Proceedings of the 25th international conference on machine learning*, 2007.

[21] T. Hastie, S. Rosset, R. Tibshirani, and J. Zhu. The entire regularization path for the support vector machine. *Journal of Machine Learning Research*, 5: 1391-1415, 2004.

[22] S. Boyd and L. Vandenberghe. Convex Optimization. Cambridge University Press, 2004.

[23] T. -F. Wu and C. -J. Lin. Probability Estimates for Multi-class

Classification by Pairwise Coupling. *Journal of Machine Learning Research*, 5:975-1005, 2004.

[24] S. Amari. Natural gradient works efficiently in learning. *Neural Computation*, 10(2):251-276, 1998.

[25] J. Bergstra and Y. Bengio. Random search for hyper-parameter optimization. *Journal of Machine Learning Research*, 13:281-305, 2012.

[26] J. Snoek, H. Larochelle, and R. P. Adams. Practical Bayesian optimization of machine learning algorithms. Advances in neural information processing systems, 2951-2959, 2012.

[27] O. Chapelle, V. Vapnik, O. Bousquet, and S. Mukherjee. Choosing multiple parameters for support vector machines. *Machine learning*, 46:131-159, 2002.

[28] T. Joachims. Estimating the Generalization Performance of an SVM Efficiently. Proc. 17th International Conf. on Machine Learning, 431-438, 2000.

[29] 金明哲. Rによるデータサイエンス ―データ解析の基礎から最新手法まで. 森北出版, 2007.

[30] 金森敬文, 竹之内高志, 村田昇. パターン認識. 共立出版, 2009.

索 引

欧文

AP ———————————— 154
CCCP 法 ———————————— 162
DCDM アルゴリズム ———— 110
KKT 条件 ———————————— 16
KL ダイバージェンス ———— 35
k 分割交差検証法 ———————— 117
k 平均法 ———————————— 63
MI-SVM ———————— 167, 169
mi-SVM ———————— 167, 168
p-スペクトラムカーネル ———— 80
RBF カーネル ———————— 20, 77
SMO アルゴリズム ———————— 104

あ行

アクティブセット ———————— 96
アクティブセット法 ———————— 95
誤り訂正出力符号 ———————— 36
誤り訂正符号 ———————————— 36
鞍点 ———————————————— 15
異常検知 ———————————— 65
異常値 ———————————— 46
1 クラス SVM ———————— 62
1 対 1 方式 ———————————— 32
1 対他方式 ———————————— 31
ε-不感損失関数 ———————— 48
ヴァプニックの原理 ———————— 29
ウォーク ———————————— 85
ウォームスタート ———————— 128

か行

カーネル k 平均法 ———————— 63
カーネル関数 ———————— 19, 52, 74
カーネル主成分分析 ———————— 64
カーネルトリック ———————— 22
カーネル分位点回帰分析 ———— 60
ガウスカーネル ———————— 20
過学習 ———————————— 25, 116
拡散カーネル ———————————— 84
カルーシュ・クーン・タッカー条件 ———————————— 16, 88
カルバック・ライブラー・ダイバージェンス ———————— 35

頑健（ロバスト） ———————— 46
期待損失 ———————————— 23
ギャップ重み付き部分列カーネル 81
教師あり異常検知 ———————— 65
教師あり学習 ———————————— 62
教師あり次元削減 ———————— 65
教師なし異常検知 ———————— 65
教師なし学習 ———————————— 62
教師なし次元削減 ———————— 65
強双対性 ———————————— 15, 88
局所的最適解 ———————— 162
区分線形関数 ———————— 124
クラス ———————————————— 1
クラスタ ———————————— 63
クラスタ仮定 ———————————— 164
クラスタリング ———————— 63
グラフ ———————————— 82
グラフラプラシアン ———————— 83
訓練データ ———————————— 2
経験損失 ———————————— 23
決定関数 ———————————— 4
検索語 ———————————— 154
交差検証法 ———————————— 9, 117
構造化サポートベクトルマシン 146

さ行

最急降下法 ———————————— 95
最小絶対誤差法 ———————— 44
最小二乗法 ———————————— 43
最尤推定法 ———————————— 35
作業集合 ———————————— 103
サポートベクトル ———————— 7
サポートベクトル分類 ———— 3
サポートベクトルマシン ———— 3
サポートベクトル回帰分析 ———— 42
次元削減 ———————————— 64
二乗誤差損失 ———————————— 27
実行可能 ———————————— 12
弱双対性 ———————————— 15
弱ラベルデータ ———————— 157
十分統計量 ———————————— 79
主成分分析 ———————— 22, 64

主変数 ———————————— 12
主問題 ———————————— 10, 49
シュリンキング ———————— 139
条件付き分位点関数 ———————— 59
情報幾何 ———————————— 78
事例 ———————————————— 3
数値最適化問題 ———————— 87
スパース（疎） ———————— 18
正規分布 ———————————— 29
生成モデル ———————————— 29
正則化 ———————————— 25
正則化係数 ———————— 8, 26
正則化パラメータ ———————— 48
正則化ラプラシアン ———————— 84
制約条件 ———————————— 6
切除平面法 ———————————— 146
0-1 損失 ———————————— 23
線形カーネル ———————————— 77
線形計画問題 ———————— 97
線形サポートベクトル分類 ———— 4
線形判別分析 ———————— 29
全部分列カーネル ———————— 80
双対ギャップ ———————————— 91
双対変数 ———————————— 12
双対問題 ———————————— 10
相補性条件 ———————————— 17
ソフトマージン ———————— 7
損失関数 ———————— 22, 44

た行

大域的最適解 ———————— 162
対数障壁関数 ———————— 98
多クラス分類問題 ———————— 30
多項式カーネル ———————— 77
多様体 ———————————— 78
逐次学習 ———————————— 127
チャンキング法 ———————— 103
直積グラフ ———————————— 86
直線探索 ———————————— 100
通勤時間カーネル ———————— 84
特徴抽出 ———————————— 3
特徴ベクトル ———————————— 2
凸 2 次最適化問題 ———— 21, 87
トランスダクティブ SVM –160

索引

トランスダクティブ学習 ——160

な行

内点法 ——95
2クラス分類問題 ——1
二次計画問題 ——49
ニュートン法 ——95
入力ベクトル ——2

は行

ハードマージン ——7
ハイパーパラメータ ——20
外れ値 ——27, 46
バッグ ——165
汎化誤差 ——117
半教師あり SVM ——160
半教師あり学習 ——158
半教師ありデータ ——158
非循環有向グラフ ——33
非凸 ——161

一つ抜き交差検証法 ——118
ヒンジ損失 ——24
フィッシャーカーネル ——78
フィッシャー情報行列 ——78
不均一分散モデル ——57
ブレイクポイント ——124, 134
分位点 ——58
分位点回帰分析 ——56, 60
分割法 ——103
分散関数 ——57
分離可能 ——4
分類器 ——1
分類境界 ——4
ペアワイズカップリング ——34
平均関数 ——57
平均適合率 ——154
ベイズの定理 ——28
ベイズ分類器 ——23
ホットスタート ——128

ま行

マーサーの定理 ——75
マージン ——5
マージン最大化 ——6
マージン最大化クラスタリング 63
マルチインスタンス SVM –166
マルチインスタンス学習 ——158, 164
未学習 ——116
モデル選択 ——116

ら行

ラグランジュ関数 ——11
ラベル ——3
ランキング学習 ——154
ランダムウォーク ——86
隣接行列 ——82
ロジスティック回帰 ——27
ロジスティック損失 ——27

著者紹介

竹内一郎 博士（工学）
　2000 年　名古屋大学大学院工学研究科電気工学専攻博士課程修了
　現　在　名古屋大学大学院工学研究科　教授
　　　　　理化学研究所 革新知能統合研究センター　チームリーダー

烏山昌幸 博士（工学）
　2011 年　名古屋工業大学大学院工学研究科創成シミュレーション
　　　　　工学専攻博士後期課程修了
　現　在　名古屋工業大学情報工学教育類　准教授

NDC007　189p　21cm

機械学習プロフェッショナルシリーズ
サポートベクトルマシン

　　　2015 年 8 月 7 日　第 1 刷発行
　　　2022 年 6 月 2 日　第 7 刷発行

著　者　竹内一郎・烏山昌幸
発行者　髙橋明男
発行所　株式会社　講談社
　　　　〒112-8001　東京都文京区音羽 2-12-21
　　　　　販売　(03)5395-4415
　　　　　業務　(03)5395-3615

編　集　株式会社　講談社サイエンティフィク
　　　　代表　堀越俊一
　　　　〒162-0825　東京都新宿区神楽坂 2-14　ノービィビル
　　　　　編集　(03)3235-3701

本文データ制作　藤原印刷株式会社
印刷・製本　　　株式会社ＫＰＳプロダクツ

KODANSHA

落丁本・乱丁本は、購入書店名を明記のうえ、講談社業務宛にお送りください。送料小社負担にてお取替えします。なお、この本の内容についてのお問い合わせは、講談社サイエンティフィク宛にお願いいたします。定価はカバーに表示してあります。

©Ichiro Takeuchi and Masayuki Karasuyama, 2015

本書のコピー、スキャン、デジタル化等の無断複製は著作権法上での例外を除き禁じられています。本書を代行業者等の第三者に依頼してスキャンやデジタル化することはたとえ個人や家庭内の利用でも著作権法違反です。

[JCOPY] 〈(社)出版者著作権管理機構 委託出版物〉
複写される場合は、その都度事前に(社)出版者著作権管理機構（電話 03-5244-5088, FAX 03-5244-5089, e-mail: info@jcopy.or.jp）の許諾を得てください。

Printed in Japan

ISBN 978-4-06-152906-9

明日を切り拓け！ 挑戦はここから始まる。

機械学習プロフェッショナルシリーズ

MLP

杉山 将・編

理化学研究所 革新知能統合研究センター センター長
東京大学大学院新領域創成科学研究科 教授

新刊

深層学習 改訂第2版
岡谷 貴之・著
384頁・定価 3,300円
978-4-06-513332-3

ベイズ深層学習
須山 敦志・著
272頁・定価 3,300円
978-4-06-516870-7

機械学習のための確率と統計
杉山 将・著
127頁・定価 2,640円
978-4-06-152901-4

機械学習のための連続最適化
金森 敬文／鈴木 大慈／竹内 一郎／佐藤 一誠・著
351頁・定価 3,520円
978-4-06-152920-5

確率的最適化
鈴木 大慈・著
174頁・定価 3,080円
978-4-06-152907-6

劣モジュラ最適化と機械学習
河原 吉伸／永野 清仁・著
184頁・定価 3,080円
978-4-06-152909-0

統計的学習理論
金森 敬文・著
189頁・定価 3,080円
978-4-06-152905-2

グラフィカルモデル
渡辺 有祐・著
183頁・定価 3,080円
978-4-06-152916-8

強化学習
森村 哲郎・著
320頁・定価 3,300円
978-4-06-515591-2

ガウス過程と機械学習
持橋 大地／大羽 成征・著
256頁・定価 3,300円
978-4-06-152926-7

サポートベクトルマシン
竹内 一郎／烏山 昌幸・著
189頁・定価 3,080円
978-4-06-152906-9

スパース性に基づく機械学習
冨岡 亮太・著
191頁・定価 3,080円
978-4-06-152910-6

トピックモデル
岩田 具治・著
158頁・定価 3,080円
978-4-06-152904-5

オンライン機械学習
海野 裕也／岡野原 大輔／得居 誠也／徳永 拓之・著
168頁・定価 3,080円
978-4-06-152903-8

オンライン予測
畑埜 晃平／瀧本 英二・著
163頁・定価 3,080円
978-4-06-152922-9

ノンパラメトリックベイズ
点過程と統計的機械学習の数理
佐藤 一誠・著
170頁・定価 3,080円
978-4-06-152915-1

変分ベイズ学習
中島 伸一・著
159頁・定価 3,080円
978-4-06-152914-4

関係データ学習
石黒 勝彦／林 浩平・著
180頁・定価 3,080円
978-4-06-152921-2

統計的因果探索
清水 昌平・著
191頁・定価 3,080円
978-4-06-152925-0

バンディット問題の理論とアルゴリズム
本多 淳也／中村 篤祥・著
218頁・定価 3,080円
978-4-06-152917-5

ヒューマンコンピュテーションとクラウドソーシング
鹿島 久嗣／小山 聡／馬場 雪乃・著
127頁・定価 2,640円
978-4-06-152913-7

データ解析におけるプライバシー保護
佐久間 淳・著
231頁・定価 3,300円
978-4-06-152919-1

異常検知と変化検知
井手 剛／杉山 将・著
190頁・定価 3,080円
978-4-06-152908-3

生命情報処理における機械学習
多重検定と推定量設計
瀬々 潤／浜田 道昭・著
190頁・定価 3,080円
978-4-06-152911-3

ウェブデータの機械学習
ダヌシカ ボレガラ／岡﨑 直観／前原 貴憲・著
186頁・定価 3,080円
978-4-06-152918-2

深層学習による自然言語処理
坪井 祐太／海野 裕也／鈴木 潤・著
239頁・定価 3,300円
978-4-06-152924-3

画像認識
原田 達也・著
287頁・定価 3,300円
978-4-06-152912-0

音声認識
篠田 浩一・著
175頁・定価 3,080円
978-4-06-152927-4

＊表示価格は消費税（10%）が加算されています。

［2021年12月現在］

講談社サイエンティフィク　https://www.kspub.co.jp/